Michael Rossel
Sven Lillig

Gefahren und Einsatztaktik bei Flugunfällen

Verlag W. Kohlhammer

Dieses Werk einschließlich aller seiner Teile ist urheberrechtlich geschützt. Jede Verwendung außerhalb der engen Grenzen des Urheberrechts ist ohne Zustimmung des Verlags unzulässig und strafbar. Das gilt insbesondere für Vervielfältigungen, Übersetzungen, Mikroverfilmungen und für die Einspeicherung und Verarbeitung in elektronischen Systemen.
Die Wiedergabe von Warenbezeichnungen, Handelsnamen und sonstigen Kennzeichen in diesem Buch berechtigt nicht zu der Annahme, dass diese von jedermann frei benutzt werden dürfen. Vielmehr kann es sich auch dann um eingetragene Warenzeichen oder sonstige geschützte Kennzeichen handeln, wenn sie nicht eigens als solche gekennzeichnet sind.
Die Abbildungen stammen – sofern nicht anders angegeben – von den Autoren.

1. Auflage 2023

Alle Rechte vorbehalten
Umschlagbild: © Polizei Niedersachsen
© W. Kohlhammer GmbH, Stuttgart
Gesamtherstellung: W. Kohlhammer GmbH, Stuttgart

Print:
ISBN 978-3-17-041084-8

E-Book-Formate:
pdf: ISBN 978-3-17-041086-2
epub: ISBN 978-3-17-041087-9

Für den Inhalt abgedruckter oder verlinkter Websites ist ausschließlich der jeweilige Betreiber verantwortlich. Die W. Kohlhammer GmbH hat keinen Einfluss auf die verknüpften Seiten und übernimmt hierfür keinerlei Haftung.

Kohlhammer

Vorwort

»Das Flugzeug ist das sicherste Verkehrsmittel« – dies liest man meist dann, wenn die Verkehrsunfallstatistik des aktuellen Jahres veröffentlicht wird. Doch allein in Deutschland geschehen über 150 Unfälle pro Jahr in der Zivilluftfahrt (vgl. Flugunfallstatistik der Bundesstelle für Flugunfalluntersuchung 2020). Hierbei handelt es sich selten um große Passagier- oder Transportmaschinen, sondern vor allem um kleinere Motorflugzeuge, Segelflugzeuge und Freiballone.

Die Feuerwehren in Deutschland bilden sich regelmäßig im Rahmen von Ausbildungsveranstaltungen fort. Der Schwerpunkt wird hierbei in erster Linie auf die Bereiche Brandbekämpfung und Technischen Hilfeleistung, beispielsweise bei Verkehrs- oder Bauunfällen, gelegt. Dem Thema der Flugunfälle wird aber aus eigener Erfahrung relativ wenig Bedeutung zugemessen und dieses Szenario wird selten geübt. Zumindest gilt dies für Feuerwehren, die nicht im direkten Umfeld von Flugfeldern angesiedelt sind. Dies liegt mitunter an der statistisch geringen Wahrscheinlichkeit, mit einem Flugunfall im eigenen Ausrückebereich konfrontiert zu werden, wie auch zum anderen an den nur sehr selten vorhandenen praktischen Übungsmöglichkeiten und -objekten.

Am häufigsten werden sicherlich die Flughafenfeuerwehren mit Störungen und Unfällen an Fluggeräten konfrontiert, da die meisten Unfälle bei Starts oder Landungen, ergo in der Nähe von Flughäfen, geschehen. Bei diesen Feuerwehren ist aber auch die Ausbildung auf diese Situationen ausgerichtet. Jedoch sei gesagt, dass aufgrund der großen Mobilität von Luftfahrzeugen, ein Unfall und somit eine Einsatzsituation mit eben diesen theoretisch auf jede Feuerwehr in Deutschland zukommen kann – ob Berufsfeuerwehr oder kleine kommunale Feuerwehr. Dieser Umstand ist auch darin begründet, dass ein entsprechendes Alarmstichwort in den Ausrücke- und Alarmplänen der Kommunen und Städte verankert ist.

Es gibt verschiedene Szenarien von Unfällen mit Fluggeräten. Angefangen vom notgelandeten Segelflugzeug bis hin zum Totalverlust eines Passagierflugzeuges. Dieses Buch soll einen Einblick in die Gefahren von abgestürzten (oder not- bzw. fehlgelandeten) Luftfahrzeugen geben. Weiterhin soll in Bezug auf den Führungsvorgang nach Feuerwehr-Dienstvorschrift 100 die Einschätzung und letztendlich Einsatztaktiken mit den zu treffenden Maßnahmen abgeleitet werden. Zudem ist es uns sehr wichtig gewesen, Führungskräften, die keine Erfahrungen im Bereich der Luftfahrttechnik besitzen, eine Hilfestellung zu geben, typische Gefahren an Fluggeräten zu erkennen.

Vorwort

Bei Verkehrsunfällen ist beispielsweise allgemein bekannt, dass von nicht ausgelösten Airbags Gefahren ausgehen können. Dass jedoch bei Flugzeugen bereits vermeintlich normale, harmlose Teile große Gefahren mit sich bringen können, ist vielen sicher nicht bewusst.

Die in diesem Buch genannten Personenbezeichnungen umfassen alle geschlechtlichen Formen. Lediglich aus Gründen der Übersichtlichkeit wurde auf die ausdrückliche Nennung der einzelnen Formen verzichtet.

Inhaltsverzeichnis

Vorwort **5**

1 Allgemeines **11**
    1.1 Flugunfälle und Statistik 11
    1.2 Unfälle in Deutschland 14
    1.3 ICAO und Gesetzliche Grundlagen 17
    1.4 Aufbau von Flugzeugen und verwendete Materialien 19

2 Im Einsatz **26**
    2.1 Der Führungsvorgang nach FwDV 100 26
    2.1.1 Lagefeststellung und Erkundung des Umfelds 27
    2.1.1.1 Luftfahrzeugkennzeichen 31
    2.1.1.2 Rettungsdatenblätter 37
    2.1.1.3 Navigationsbeleuchtung (Navigation lights) 37
    2.1.1.4 Flugdatenschreiber und Stimmenrekorder (Black Box) 38
    2.1.2 Planung 39
    2.1.3 Befehlsgebung 41
    2.2 Zusammenarbeit mit anderen Dienststellen 42
    2.3 Presse- und Medienarbeit 44
    2.4 Möglichkeiten der kommunalen Feuerwehr/Leistungsgrenze 45
    2.5 Search and Rescue (SAR) für Luftnotfälle 46
    2.6 Löschmittel 47

3 Gefahren und Taktik nach Luftfahrzeugtypen **50**
    3.1 Gefahren der Einsatzstelle in Bezug auf Unfälle mit Luftfahrzeugen 50
    3.1.1 Abstände/Gefahren- und Absperrbereiche 51
    3.1.2 Angstreaktion 51
    3.1.3 Ausbreitung 52
    3.1.4 Atemgifte 52
    3.1.5 Atomare Stoffe 53
    3.1.6 Chemische Stoffe 53
    3.1.7 Erkrankung/Verletzung 53
    3.1.8 Elektrizität 54
    3.1.9 Einsturz/Absturz 55

Inhaltsverzeichnis

3.1.10	Explosion	55
3.2	Allgemeine Gefahren	56
3.2.1	Triebwerke, Propeller und Rotoren	56
3.2.2	Treibstoff	58
3.2.3	Hydrauliköl	63
3.2.4	Gesamtrettungssysteme	64
3.2.5	Fahrwerk und Reifen	66
3.2.6	Elektrische Gefahren	67
3.2.7	Radarsysteme	67
3.3	Spezielle Erkundung und Gefahren bei militärischen Fluggeräten	68
3.3.1	Triebwerke	68
3.3.2	Selbstrettungssysteme	69
3.3.3	Zusatztanks	72
3.3.4	Hydrazin	73
3.3.5	Bordwaffen und Munition	74
3.3.6	Täuschkörper	75
3.3.7	Lenkflugkörper und ungelenkte Raketen	77
3.3.8	Bomben	77
3.4	Spezielle Erkundung und Gefahren bei Segelflugzeugen	79
3.4.1	Allgemeines	79
3.4.2	Aufbau eines Segelflugzeuges	80
3.4.3	Erkundung und Gefahren	81
3.4.4	Einsatztaktik	81
3.5	Spezielle Erkundung und Gefahren bei Ein- und Mehrmotorigen Kleinflugzeugen (Lfz-Kl. E – I, < 5,7 t)	85
3.5.1	Allgemein	85
3.5.2	Aufbau	85
3.5.3	Gefahren und Einsatztaktik	86
3.6	Spezielle Erkundung und Gefahren bei mittleren und großen Flugzeugen (Lfz-Kl. A – C, > 5,7 t)	89
3.6.1	Allgemein	89
3.6.2	Aufbau	90
3.6.3	Erkundung und Gefahren	91
3.6.4	Fracht	91
3.6.5	Triebwerke/Turbinen	92
3.6.6	Große Anzahl Passagiere/Verletzte/Verstorbene	92
3.6.7	Ausmaß der Einsatzstelle/Trümmerfeld	93
3.6.8	Einsatztaktik	94

Inhaltsverzeichnis

3.7 Spezielle Erkundung und Gefahren bei Hubschraubern	96
3.7.1 Allgemein	96
3.7.2 Erkundung und Gefahren	97
3.7.3 Einsatztaktik	98
3.7.4 Militärhubschrauber	100
3.8 Spezielle Erkundung und Gefahren bei Ballonen	100
3.8.1 Allgemein	100
3.8.2 Heißluftballon	101
3.8.3 Gasballon	102
3.8.4 Rozière Ballon	103
3.8.5 Erkundung und Gefahren	103
3.8.6 Einsatztaktik	104
3.9 Spezielle Erkundung und Gefahren bei Drohnen	105
3.10 Spezielle Erkundung und Gefahren bei Luftschiffen	107
3.10.1 Allgemeines	107
3.10.2 Unfälle	108
3.10.3 Aufbau eines Luftschiffes	108
3.10.4 Erkundung und Gefahren	109
3.10.5 Einsatztaktik	110
3.11 Spezielle Erkundung und Gefahren bei Gleitschirm- und Drachenfliegern	111
3.11.1 Allgemein	111
3.11.2 Aufbau eines Gleitschirmes	111
3.11.3 Gefahren	112
3.11.4 Einsatztaktik	112
4 MANV und PSNV	**114**
4.1 Massenanfall von Verletzten (MANV)	114
4.2 Psychosoziale Notfallversorgung (PSNV)	115
5 Einsatzbeispiel	**117**
5.1 Szenario	117
5.2 Lösungsbeispiel	118
Schlusswort	**121**
Literaturverzeichnis	**123**

Inhaltsverzeichnis

Anhang **125**
    Kurzübersicht für Einsatzleiter 125
    Checkliste 126
    Sicherheitsdaten Kraftstoffe 128

1 Allgemeines

1.1 Flugunfälle und Statistik

Das Flugzeug gilt als sehr sicheres Verkehrsmittel und das Thema »Flugunfälle« findet sich nur sehr selten in den Ausbildungsplänen der Freiwilligen Feuerwehren in Deutschland wieder. Die kritischen Phasen sind nach wie vor Starts und Landungen, hier sind meist Flughafenfeuerwehren vor Ort. Doch auch während des Fluges können Störungen auftreten, die eine Notlandung erforderlich machen oder gar zu einem Flugunfall führen.

Im deutschen Luftraum sind mehr Luftfahrzeuge unterwegs als man zunächst glaubt. Luftfahrzeuge mit ausländischen Kennzeichen nicht betrachtet, waren in Deutschland im Jahr 2020 21.080 Luftfahrzeuge der unterschiedlichen Größenklassen zugelassen. Diese gliedern sich wie folgt:

Tabelle 1: *Gliederung und Verkehrszulassungen von Luftfahrzeugen in Deutschland (Quelle Luftfahrtbundesamt 2022)*

Luftfahrzeugtyp	Anzahl Verkehrszulassungen
Flugzeuge über 20 t	718
Flugzeuge 14 – 20 t	40
Flugzeuge 5,7 – 14 t	229
Flugzeuge 2 – 5,7 t	606
Flugzeuge bis 2 t	6770
Hubschrauber	721
Motorsegler	3781
Luftschiffe	3
Segelflugzeuge	7150
Ballone	1062

Bei Flugunfällen wird grundsätzlich unterschieden, ob es sich um eine schwere Störung oder einen Unfall handelt.

1 Allgemeines

Gemäß Definition des § 2 Flugunfalluntersuchungsgesetz (FlUUG) ist eine Schwere Störung:

Ein Ereignis beim Betrieb eines Luftfahrzeugs, dessen Umstände darauf hindeuten, dass sich beinahe ein Unfall ereignet hätte [...].

Hier einige Beispiele für Schwere Störungen:
- Beinahezusammenstoß/gefährliche Begegnung: gefährliche Annäherung von zwei Luftfahrzeugen, bei der mindestens ein Luftfahrzeug nach Instrumentenflugregeln betrieben wurde und ein Ausweichmanöver erforderlich war oder angemessen gewesen wäre, um einen Zusammenstoß oder eine gefährliche Situation zu vermeiden;
- nur knapp vermiedene Bodenberührung mit einem nicht außer Kontrolle geratenen Luftfahrzeug;
- abgebrochener Start auf einer gesperrten oder belegten Startbahn oder Start von einer solchen Bahn mit kritischem Hindernisabstand;
- Landung oder Landeversuch auf einer gesperrten oder belegten Landebahn;
- erhebliches Unterschreiten der vorausberechneten Flugleistungen beim Start oder im Anfangssteigflug;
- Brände oder Rauch in der Fluggastkabine oder im Laderaum und Triebwerksbrände, auch wenn diese Brände mit Hilfe von Löschmitteln gelöscht wurden;
- Umstände, die die Flugbesatzung zur Benutzung von Sauerstoff zwangen;
- Strukturversagen an der Luftfahrzeugzelle oder eine Triebwerkszerlegung, die nicht als Unfall eingestuft werden;
- mehrfaches Versagen eines oder mehrerer Luftfahrzeugsysteme, wodurch der Betrieb des Luftfahrzeugs ernsthaft beeinträchtigt wurde;
- jeder Ausfall von Flugbesatzungsmitgliedern während des Flugs;
- jeder Kraftstoffmangel, bei dem der Luftfahrzeugführer eine Notlage erklären musste;
- Störungen bei Start oder Landung; Störungen wie zu frühes oder zu spätes Aufsetzen, Überschießen oder seitliches Abkommen von der Start- oder Landebahn
- Ausfall von Systemen, meteorologischen Erscheinungen, Betrieb außerhalb des zulässigen Flugbereichs oder sonstige Ereignisse, die Schwierigkeiten bei der Steuerung des Luftfahrzeugs hätten hervorrufen können;

1.1 Flugunfälle und Statistik

- Versagen von mehr als einem System in einem redundanten System, das für die Flugführung und -navigation unverzichtbar ist.

In der Regel werden Rettungskräfte nicht bei schweren Störungen von Luftfahrzeugen, sondern erst ab einem Unfall mit einem Luftfahrzeug tätig.

Ein Unfall wird wie folgt definiert (§ 2 FlUUG):

Ein Ereignis beim Betrieb eines Luftfahrzeugs vom Beginn des Anbordgehens von Personen mit Flugabsicht bis zu dem Zeitpunkt, zu dem diese Personen das Luftfahrzeug wieder verlassen haben, wenn hierbei:
1. *eine Person tödlich oder schwer verletzt worden ist,*
   - *an Bord eines Luftfahrzeuges oder*
   - *durch unmittelbare Berührung mit dem Luftfahrzeug oder einem seiner Teile, auch wenn sich dieser Teil vom Luftfahrzeug gelöst hat, oder*
   - *durch unmittelbare Einwirkung des Turbinen- oder Propellerstrahls eines Luftfahrzeugs,*

   es sei denn, dass der Geschädigte sich diese Verletzungen selbst zugefügt hat oder diese ihm von einer anderen Person zugefügt worden sind oder eine andere von dem Unfall unabhängige Ursache haben, oder dass es sich um Verletzungen von unbefugt mitfliegenden Personen handelt, die sich außerhalb der den Fluggästen und Besatzungsmitgliedern normalerweise zugänglichen Räumen verborgen hatten, oder
2. *das Luftfahrzeug oder die Luftfahrzeugzelle einen Schaden erlitten hat und*
   - *dadurch der Festigkeitsverband der Luftfahrzeugzelle, die Flugleistungen oder die Flugeigenschaften beeinträchtigt sind und*
   - *die Behebung dieses Schadens in aller Regel eine große Reparatur oder einen Austausch des beschädigten Luftfahrzeugbauteils erfordern würde,*

   es sei denn, dass nach einem Triebwerkschaden oder Triebwerksausfall die Beschädigung des Luftfahrzeugs begrenzt ist auf das betroffene Triebwerk, seine Verkleidung oder sein Zubehör, oder dass der Schaden an einem Luftfahrzeug begrenzt ist auf Schäden an Propellern, Flügelspitzen, Funkantennen, Bereifung, Bremsen, Beplankung oder auf kleinere Einbeulungen oder Löcher in der Außenhaut, oder
3. *das Luftfahrzeug vermisst wird oder nicht zugänglich ist.*

1 Allgemeines

1.2 Unfälle in Deutschland

Jedes Jahr ereignen sich in Deutschland zahlreiche Störungen und Unfälle mit Luftfahrzeugen. Unfälle in der Zivilluftfahrt werden von der Bundesstelle für Flugunfalluntersuchung (BFU) untersucht, Unfälle im militärischen Bereich vom General Flugsicherheit der Bundeswehr. Nach der offiziellen Statistik der BFU ereigneten sich im Jahr 2020 insgesamt 152 Unfälle mit zivilen Luftfahrzeugen. Hierbei wurden 31 Personen tödlich und 37 Personen schwer verletzt. Einen kurzen Überblick soll die Jahresstatistik der BFU für 2018–2020 zu Unfällen in der Zivilluftfahrt in Deutschland (in verkürzter Fassung) geben:

Tabelle 2:

Fluggerät	Unfälle			Anzahl Schwerverletzte			Anzahl tödlich Verunglückter		
	2018	2019	2020	2018	2019	2020	2018	2019	2020
Flugzeuge > 5,7 t	2	5	2	0	2	1	0	0	0
Flugzeuge 2 – 5,7 t	4	5	1	1	0	3	2	4	0
Flugzeuge bis 2 t	58	57	66	3	7	11	12	9	11
Hubschrauber	6	5	4	0	3	0	4	0	0
Reisemotorsegler	17	10	10	1	2	3	1	0	1
Segelflugzeuge	65	65	54	7	19	9	5	7	5
Sonstige LfZ-Arten	10	6	11	2	3	1	10	7	13
Freiballone	14	4	4	14	11	9	0	0	1
Gesamt	**176**	**157**	**152**	**28**	**47**	**37**	**34**	**27**	**31**

Bei kleinen Flugzeugen bis 2 t Abflugmasse und Segelflugzeugen ereignen sich die meisten Unfälle. Ursächlich waren zumeist Kontrollverluste (Loss of Control in flight, LOC-I), kontrollierter, aber unbewusster Flug gegen Gelände oder Hindernisse (Controlled flight into or towards terrain, CFIT) und Start-, Lande-, Rollbahnereignisse (bspw. Kollisionen mit Hindernissen, Verfehlen der Start- Landebahnen etc.).

1.2 Unfälle in Deutschland

Tabelle 3: Auswahl von Flugunfällen in Deutschland der letzten 40 Jahre

Datum	Ort	Beschreibung der Ereignisse
11.09.1982	Mannheim	Ein mit Fallschirmspringern besetzter CH47C-Chinook-Transporthubschrauber der US-Army stürzte auf die Autobahn A656 bei Mannheim. Auslöser war der Ausfall des Verteilergetriebes, wodurch sich die beiden gegenläufigen Rotoren verkeilten. Alle 46 Insassen kamen ums Leben.
28.08.1988	Ramstein	Während einer Flugshow im rheinland-pfälzischen Ramstein kollidierten drei Kunstflugmaschinen miteinander und stürzten teilweise in die anwesende Zuschauermenge. Das Unglück forderte 70 Todesopfer und etwa 1.000 Verletzte.
01.07.2002	Überlingen	Durch menschliches Versagen (Fehlern von Piloten und Fluglotsen) stießen eine Tupolew Tu-154 der Bashkirian Airlines und eine Boeing 757-200 DHL-Transportmaschine über Überlingen zusammen. 71 Menschen starben.
15.04.2012	Laufenselden (Hessen)	Beim Schleppflug löste sich das Schleppseil zum Segelflugzeug in geringer Höhe. Bei einer Umkehrkurve kollidierte das Segelflugzeug mit Bäumen, der Pilot kam ums Leben, eine weitere Insassin wurde schwer verletzt.
10.09.2012	Backnang-Heiningen	Kurz nach dem Start zu einem Rundflug geriet die einmotorige Robin DR 400 in die Wirbelschleppe eines zuvor gestarteten Flugzeuges, drehte sich daraufhin über die Längsachse und stürzte neben die Rollbahn. Das Flugzeug fing anschließend Feuer, drei Insassen wurden tödlich, ein Insasse schwer verletzt. Da der Unfall im Rahmen einer Flugschau geschah, waren Rettungskräfte unmittelbar vor Ort.
23.06.2014	Sauerland (NRW)	Bei einem Übungsflug kollidierte eine Eurofighter Typhoon der Luftwaffe mit einem Learjet 35 der Gesellschaft für Flugzieldarstellung. Der Learjet stürzte ab und beide Insassen starben.

1 Allgemeines

Tabelle 3: *Auswahl von Flugunfällen in Deutschland der letzten 40 Jahre – Fortsetzung*

Datum	Ort	Beschreibung der Ereignisse
12.04.2015	Oldenburg-Hatten (Niedersachsen)	Absturz einer Cessna F 172N mit 4 Insassen direkt an der Autobahn A28. Der Pilot wurde tödlich verletzt, die 3 weiteren Insassen wurden schwer verletzt und mussten durch die Feuerwehr teilweise aus dem Flugzeug befreit werden. Die Unfallstelle ist auf dem Umschlagbildes des Buches abgebildet.
11.08.2015	Oberfranken (Bayern)	Ein US-Kampfjet vom Typ F-16 stürzte aufgrund technischer Probleme in einem Waldstück ab, der Pilot konnte sich mit dem Schleudersitz retten. Vor dem Absturz hatte der Pilot noch die Zusatztanks und Übungsbomben auf freiem Feld abgeworfen.
23.08.2015	Dittingen (Schweiz)	Bei einer Flugshow kollidierten zwei Ultraleichtflugzeuge vom Typ Ikarus C42. Beide Maschinen stürzte ab, wobei ein Pilot ums Leben kam. Der Pilot der zweiten Maschine überlebte Dank des verbauten Gesamtrettungssystems.
24.06.2019	Mecklenburg-Vorpommern	Zwei Eurofighter Typhoon der Luftwaffe kollidieren in der Luft. Beide Piloten können den Schleudersitz betätigen, jedoch konnte nur einer lebend aus einer Baumkrone gerettet werden.
01.07.2019	Landkreis Hameln-Pyrmont	Ein Schulungshubschrauber der Bundeswehr vom Typ Eurocopter EC135 stürzte in ein Getreidefeld. Die Pilotin kam ums Leben, ein Insasse wurde schwer verletzt.
16.08.2020	St. Goar/Biebernheim	Bei der Landung eines Heißluftballons kam es aufgrund starker Winde zum mehrmaligen Aufprall des Korbes auf dem Boden. Hierbei wurden einige Passagiere und der Ballonführer aus dem Korb geschleudert. Der Ballonführer wurde tödlich verletzt, die Passagiere schwer.
23.03.2022	Sankt Augustin – Hangelar (NRW)	Beim Startvorgang rollte eine Cessna über die angrenzenden Bahngleise, überschlug sich dabei und kam in einem Garten zum Erliegen. 2 Personen wurden verletzt.

1.3 ICAO und Gesetzliche Grundlagen

Die Internationale Zivilluftfahrtorganisation (ICAO), eine Sonderorganisation der Vereinten Nationen, sorgt dafür, dass Luftfahrzeuge weltweit den höchsten Sicherheitsstandards genügen. Die ICAO wurde 1944 gegründet mit dem Ziel, den zivilen Luftverkehr auf internationaler Ebene zu standardisieren. Deutschland ist der ICAO im Jahr 1956 beigetreten und wird durch eine ständige Delegation des Bundesministeriums für Verkehr und digitale Infrastruktur vertreten. Zu den wichtigsten Aufgaben der Organisation gehören:

- Erarbeiten und Festlegen von verbindlichen Standards für die Luftfahrt, die von den Mitgliedsländern umgesetzt werden müssen,
- Regelung der internationalen Verkehrsrechte, der Freiheiten der Luft,
- Entwicklung von Infrastrukturen,
- Erarbeitung von Empfehlungen und Richtlinien, wie zum Beispiel der »ICAO-Brandschutzkategorie«,
- Zuteilung der ICAO-Codes für Länder und Flugzeugtypen,
- Entwicklung eines Standards für maschinenlesbare Reisedokumente,
- Definition der Grenzwerte für Fluglärmemissionen.

In der zuvor genannten Richtlinie »ICAO-Brandschutzkategorie« werden die Mindestanforderungen festgelegt, um ausreichend Personal und eine angemessene Ausstattung (bspw. für Löscharbeiten) am jeweiligen Flugplatz, Flughafen, Hubschrauberlandeplatz oder Sonderlandeplatz vorzuhalten. Dazu bedarf es einer Betrachtung und Einteilung der dort startenden und landenden Luftfahrzeuge gemäß ihrer Größenklasse nach ICAO Annex 14, Tabelle 2-1 und 2-2. In der Richtlinie werden die Flugzeuge zunächst anhand ihrer Länge eingestuft. Weitere Parameter sind die Rumpfbreite sowie die Unterscheidung zwischen Passagier- und Frachtflugzeug. Die höchste Brandschutzkategorie für Passagierflugzeuge ist die Kategorie 10, die für Frachtmaschinen die Kategorie 7. Eine geringere Einstufung eines Frachtflugzeuges im Vergleich zu einem Passagierflugzeug begründet sich aufgrund der Tatsache, dass bei einem Unfall nur im Bereich des Cockpits mit einer Menschenrettung gerechnet werden muss und somit weniger Kräfte vorgehalten werden müssen. Nach der Einteilung bzw. Bestimmung der Brandschutzkategorie werden durch die Richtlinie die Mindestanforderungen an die Vorhaltung der Technik, des Löschmittels und Fördermengen gestellt.

Beispielhaft sei hier der Flughafen »Musterstadt« genannt. Aufgrund der dort verkehrenden Flugzeuge (A330-220, Boeing 737-900ER) mit einer max. Länge von

1 Allgemeines

61 Metern und einer größten Rumpfbreite von sieben Metern wird der Flughafen in die Brandschutzkategorie 8 eingestuft. Folgende Anforderungen ergeben sich daher aus der ICAO:

- mobile Wassermenge: 18.200 Liter;
- Auswurfrate: 7.200 Liter/Minute; davon erstes Fahrzeug 50 Prozent der Auswurfrate;
- Zusatzlöschmittel Pulver: 450 Kilogramm;
- mindestens drei Hauptlöschfahrzeuge;
- Reaktionszeit: maximal drei Minuten (Hilfsfrist nach ICAO).

Tabelle 4:

Kategorie Passagierflugzeuge	Kategorie Frachtflugzeuge	Rumpfbreite	Gesamtlänge Flugzeug
1	1	2 m	bis 9 m
2	2	2 m	9 bis 12 m
3	3	3 m	12 bis 18 m
4	4	4 m	18 bis 24 m
5	5	4 m	24 bis 28 m
6	5	5 m	28 bis 39 m
7	6	5 m	39 bis 49 m
8	6	7 m	49 bis 61 m
9	7	7 m	61 bis 76 m
10	7	8 m	76 bis 90 m

Die Vorgaben der ICAO gelten bei Flughäfen ab der Brandschutzkategorie 3. Für Flughäfen/Flugplätze der Kategorie 1 und 2 werden durch die ICAO Empfehlungen gegeben, die über die länderspezifischen Richtlinien hinausgehen, allerdings durch nationales Recht geregelt sind. In der Bundesrepublik Deutschland regeln die Bundesländer und die verantwortlichen Ministerien durch Gesetze, Verordnungen und Erlasse den jeweiligen Umgang mit Flugplätzen der Kategorien 1 und 2. In einer Richtlinie aus dem Jahre 1983 »Feuerlösch und Rettungswesen auf Landeplätzen« wurde den Ländern/Landeplatzhaltern eine Leitlinie an die Hand gegeben, in der eine Mindestvorhaltung an Ausrüstung und Rettungsgerät festgelegt wurde.

Die kleineren Landeplätze und Flughäfen werden meist in den Alarm- und Ausrückordnungen der Kommunen integriert und die Hilfsfristen des jeweiligen

Bundeslandes sind entsprechend einzuhalten. Beispielsweise gilt in Hessen eine Hilfsfrist von zehn Minuten. In einem gemeinsamen Runderlass sind Einsatzstichworte festgelegt, aus denen sich die einsatztaktischen Parameter ergeben. Demnach wird bei einem Flugunfall mit einem Kleinflugzeug, einer Sportmaschine, einem Segelflieger, einem Hubschrauber, einer Militärmaschine o. Ä. festgelegt, dass mindestens zwei Gruppen, 2.500 Liter Wasser, 240 Liter Schaum, vier Atemschutztrupps, ein technischer Hilfeleistungssatz, ein Einsatzleitwagen sowie ein Notarzt und ein Rettungswagen zu alarmieren sind. Dies ist eine Mindestvorgabe an die Kommune, welche es umzusetzen gilt. Je nach Lage und Örtlichkeit kann es zu umfangreicheren Alarmierungen kommen. Prinzipiell bleibt für die Einsatzplanung festzuhalten, dass die Umsetzung der Alarmierung und Vorgaben bei Flugplätzen der Kategorie 1 und 2 in jedem Bundesland unterschiedlich sein werden. Man muss sich mit den gesetzlichen Grundlagen der jeweiligen Bundesländer vertraut machen und sich in Bezug auf Vorgaben, Erlasse, Richtlinien etc. mit den zuständigen Ministerien und Brandschutzdienststellen abstimmen.

Für Betreiber von Heliports, also Helikopterlandeplätzen, gibt die ICAO ebenfalls eine Mindestmenge an Löschmittel und Sonderlöschmittel vor. Diese liegt laut ICAO Annex 14, Tabelle 6-1, Volume II bei den nachfolgenden Werten:

Tabelle 5:

ICAO Kategorie	Rumpflänge/Rotorkreisdurchmesser	Löschmittelmenge vorzuhalten
H1	bis 15 m	2.500 l Wasser/45 kg Trockenlöschmittel
H2	15 bis 24 m	5.000 l Wasser/45 kg Trockenlöschmittel
H3	24 bis 35 m	8.000 l Wasser/45 kg Trockenlöschmittel

1.4 Aufbau von Flugzeugen und verwendete Materialien

Es soll nun ein kurzer Überblick über den Aufbau eines Flugzeuges und die verwendeten Materialien erfolgen. Dieses Kapitel ist zwar bewusst kurzgehalten, trotzdem aber wichtig für den Einstieg und für das Verständnis später genutzter Begrifflichkeiten. Über die Jahrzehnte haben sich viele verschiedene Flugzeugkonstruktionen etabliert. Im Grunde besitzen jedoch alle die gleichen Hauptkomponenten: Im Flugzeugrumpf sind sowohl Kabine und Cockpit untergebracht, die Tragflächen sorgen für den nötigen Auftrieb und beinhalten oft auch den Tank des Flugzeuges. Die Leitwerke am Heck des Flugzeuges sorgen für die aerodynamische Stabilität, die Ruder dienen zur Steuerung des Flugzeuges. Außerdem sind die Triebwerke vorhanden, um den benötigten Vortrieb zu leisten.

Flugzeugrumpf
Der Rumpf bildet die zentrale Einheit des Fluggerätes. Im vorderen Teil, der auch als Bug bezeichnet wird, findet sich das Cockpit. Dahinter schließt die Kabine an, in welcher die Passagiere und Fracht bzw. das Gepäck untergebracht sind. Bei größeren Flugzeugen sind auch Küchen oder Toiletten vorhanden. Außerdem kann die Kabine auch in mehrere horizontale Ebenen unterteilt sein. Der Rumpf muss nicht nur ausreichend Platz für Technik, Passagiere und Fracht bieten. Er muss auch aerodynamisch geformt sein und über eine hohe Festigkeit verfügen, da die nachfolgenden Komponenten an ihm befestigt werden.

Tragflächen
Die Tragflächen, auch Flügel genannt, sorgen für den nötigen Auftrieb des Flugzeuges. Sie sind an der Flügelwurzel fest mit dem Rumpf verbunden und sind in der Regel aus Holmen und Flügelrippen aufgebaut, welche anschließend bespannt oder beplankt werden.
    Die Tragflächen haben aber auch noch weitere Funktionen. So beinhalten sie bei vielen – vor allem großen – Flugzeugen die Kraftstofftanks. Auch sind an den Tragflächen Steuersysteme wie die Querruder angebracht. Die Querruder dienen dazu, dass das Flugzeug über die Längsachse »rollen« kann. Weiter sind an den Tragflächen auch Brems- und Landeklappen untergebracht. Hinzu kommt, dass bei vielen Flugzeugkonstruktionen auch Triebwerke und das Fahrwerk an den Tragflächen montiert sind. Auch bei Hubschraubern können Tragflächen vorkommen. Diese dienen jedoch selten zur Erzeugung von Auftrieb, sondern eher zum Tragen von Lasten.

Leitwerke
Am Heck eines Flugzeuges befindet sich das sogenannte »Leitwerk«. Dieses hat die Funktion, das Flugzeug in der Luft zu stabilisieren und ermöglicht zusätzliche Steuerung. Es besteht aus dem vertikalen Seitenleitwerk und dem horizontalen Höhenleitwerk. Das Seitenleitwerk wiederum besteht aus einer feststehenden Seitenflosse und einem beweglichen Seitenruder. Es ermöglicht die Steuerung des Flugzeuges über die Hochachse (sog. »Gieren« (Yaw). Das Höhenleitwerk

1.4 Aufbau von Flugzeugen und verwendete Materialien

besteht entweder aus einer feststehenden Höhenflosse und einem Höhenruder oder aus einer komplett beweglichen Höhenflosse (Pendelruder). Es ermöglicht die Steuerung des Flugzeuges über die Querachse (sog. »Nicken« (Pitch)), also die Veränderung des Anstellwinkels für den Steig- oder Sinkflug. Auch die Leitwerke sind aus Holmen, Rippen und entsprechender Bespannung oder Beplankung gebaut.

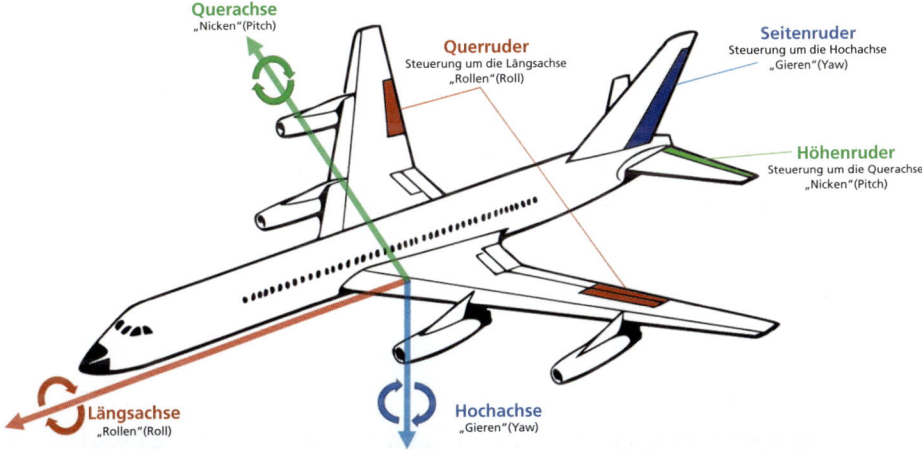

Bild 1: *Die Leitwerke eines Flugzeuges und deren Funktion*

Bauweisen und Materialien:

Im Flugzeugbau haben sich in der Geschichte mehrere Bauweisen durchgesetzt:

- **Holzbauweise**: Das Flugzeug ist komplett aus Holz gefertigt.
- **Gemischtbauweise**: Hierbei werden sowohl Holz als auch Metall verwendet. Meist wird der Rumpf mit einer Metallkonstruktion gefertigt und die Flächen in Holz hergestellt.
- **Metallbauweise**: Das Flugzeug ist komplett aus Metall gefertigt.
- **Faser-Verbund-Kunststoff-Bauweise**: Der Trend geht zu immer leichteren Werkstoffen hin. Moderne Kampfflugzeuge, wie beispielsweise der Eurofighter Typhoon bestehen zu Großteilen aus Kohlenfaserverstärktem Kunststoff (Carbon Fibre Composites). Weitere Materialien sind Glasfaserverstärkter Kunststoff (Glass Reinforced Plastic), Aluminium und Titan.

1 Allgemeines

Auch gibt es Kombinationen aus Metallen und Kunststoffen, beispielsweise Glasfaserverstärktes Aluminium (Glass Laminate Aluminium Reinforced Epoxy, »GLARE«), welches großflächig bei der Hülle des Airbus A 380 eingesetzt wird.

Bei einem Flugunfall mit einem Fluggerät aus kohlefaserverstärktem Kunststoff gilt besonders zu beachten, dass beim Brand des Stoffes die austretenden Rauchgase und Fasern lungengängig sind. Beim Auftreten von Atemgiften ist grundsätzlich umluftunabhängiger Atemschutz zu tragen, trotzdem soll die spezielle Gesundheitsgefährdung hier noch einmal ausdrücklich erwähnt werden. Es empfiehlt sich zudem, die Persönliche Schutzausrüstung der eingesetzten Trupps zu separieren und dementsprechend nach dem Einsatz zu dekontaminieren. Der Typ eines Flugzeuges allein lässt nicht auf die verwendete Bauweise schließen, beispielsweise gibt es Segelflugzeuge in allen Bauweisen.

Bei einem Straßenverkehrsunfall mit verletzten Personen haben die Einsatzkräfte oftmals mit den in den Fahrzeugen verbauten Materialien zu kämpfen.

Bild 2: *Absturz eines Kleinflugzeuges im Jahr 2005. Anhand der massiven Verformung des Wracks lassen sich die wirkenden Kräfte beim Aufprall nachvollziehen (Bild: BFU).*

1.4 Aufbau von Flugzeugen und verwendete Materialien

Hochfeste Stähle und Komponenten erschweren die Rettung, da das hydraulische Rettungsgerät an seine Belastungsgrenzen kommen kann. Zumindest bei kleineren und mittleren Fluggeräten besteht dieser Umstand nicht. Aufgrund der verwendeten leichten Materialien sollten moderne Rettungsgeräte keine Probleme beim Schaffen von Erst- oder Versorgungsöffnungen haben. Bei Ultraleichtflugzeugen genügt zumeist einfaches Brechwerkzeug. Aufgrund der auftretenden Kräfte bei einem Absturz kann es jedoch auch zu massiven Verformungen kommen. Hier kann es unter Umständen schwierig sein, geeignete Ansatzpunkte für das Rettungsgerät zu finden.

Merke:
Wie bei allen anderen Einsätzen auch, sollte die Einsatzleiterin oder der Einsatzleiter immer die Verhältnismäßigkeit der Mittel bedenken. Jede gewählte Maßnahme sollte erforderlich, geeignet und angemessen sein. Natürlich hat die Menschenrettung immer höchste Priorität und es müssen alle nötigen Maßnahmen umgehend eingeleitet werden, um das Einsatzziel schnellstmöglich zu erreichen. Trotz alledem sollten auch immer die Kollateralschäden so gering wie möglich gehalten werden, da die Anschaffung eines Flugzeuges immer mit sehr hohen Kosten verbunden ist. Schon ein Segelflugzeug kann 70.000 Euro kosten, ein Kleinflugzeug der Marke Cessna 150.000 Euro, der gängige Polizei- und Rettungshubschrauber Airbus H 135 rund fünf bis sechs Million Euro und ein Passagierflugzeug schnell über 100 Millionen (!) Euro.

Türen und Notrutschen
Bei kleineren Flugzeugen und Hubschraubern ist der Türmechanismus oft vergleichbar mit dem eines Kraftfahrzeuges. Bei größeren Flugzeugen steht die Kabine aufgrund der wesentlich höheren Flughöhen unter Druck. Flugzeugtüren gelten bei dieser Flugzeuggröße als konstruktiver Schwachpunkt, weshalb diese aufwändiger konstruiert werden und mit Sicherheitsmechanismen ausgestattet sind.

Türen werden vor dem Start durch das Kabinenpersonal gesichert und verriegelt. Im Notfall können die Türen auch von außen geöffnet werden. Es gibt die verschiedensten Ausführungen, wie sich die Türen öffnen. Neben Türen mit einem Gleitmechanismus zur Seite, Türen mit einer Drehfunktion (180 Grad) gibt es aber auch Türen, welche beim Notöffnen von außen komplett herausfallen. Daher ist Vorsicht geboten und es sollten sich in diesem Fall keine Einsatzkräfte direkt davor oder darunter befinden. Auch gibt es je nach Bauart verschiedene Öffnungsmechanismen. Bei Airbus (siehe Bild 3a) muss beispielsweise zunächst eine Klappe gedrückt werden, um den Hebel zu entriegeln. Dieser muss anschließend vollständig nach oben gedrückt werden.

1 Allgemeines

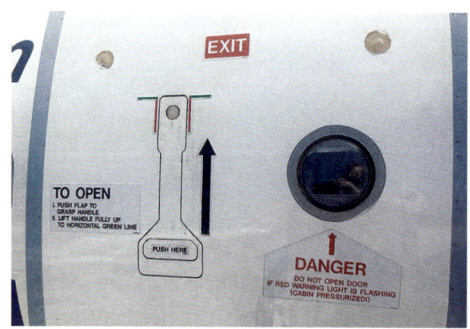 

Bild 3a und b: Öffnungsmechanismus einer Zugangstür zu einem Airbus A320 (links), Markierung an einem Passagierflugzeug, welche Rettungskräften zur Orientierung beim Einsatz von (Schneid-)Rettungsgeräten dienen soll (rechts, Bild: Markus Lischka).

Die Tür sollte anschließend vorsichtig geöffnet werden, da die Kabine noch unter Druck stehen kann. Im Beispiel von Bild 3a wird im Fenster auf der rechten Seite durch ein rotes Licht angezeigt, ob die Kabine noch unter Druck steht.

Zur schnellen Evakuierung in Notfällen verfügen alle Flugzeuge, welche zu kommerziellen Zwecken und/oder zur Passagierbeförderung eingesetzt werden und bei denen die Türen so hoch liegen, dass die Insassen nicht unverletzt den Boden erreichen können, über sogenannte Notrutschen.

Je nach Flugzeugtyp befinden sich diese Rutschen im Rumpf an der Tür und werden automatisch, meist durch einen Druckgasbehälter, selbstständig aufgeblasen. Die automatische Aktivierung der Notrutschen wird bei den meisten Flugzeugtypen durch das Cockpit beim Start aktiviert und nach der Landung wieder deaktiviert. Bei vielen Notrutschen ist inzwischen auch ein Seil verbaut, sodass Rettungskräfte diese ggf. nutzen können, um sich einen Zugang in das Flugzeug zu schaffen. Hierbei sind entsprechende Hinweismarkierungen auf dem Flugzeugrumpf vorhanden. Es gibt zwei verschiedene Ausführungen, ein- oder zweibahnige Rutschen. Auch haben die Notrutschen inzwischen den zusätzlichen Nutzen, z. B. im Falle einer Notwasserung, als Rettungsinsel oder im Anschluss als Sonnenschutz oder ähnlich eingesetzt werden zu können. Zu beachten ist, dass es bei Baureihen älterer Flugzeuge vorkommen kann, dass die Notrutsche mit dem Öffnen der Tür von außen ausgelöst wird und den vorgehenden Trupp gefährden kann. Die Rutsche breitet sich in die vorgegebene Richtung, ähnlich wie bei einem Sprungpolster, schlagartig aus. Bei manchen Flugzeugen der Airbus-Reihe, kann man durch ein Sichtfenster in der Öffnungstür zwei Warnleuchten erkennen.

1.4 Aufbau von Flugzeugen und verwendete Materialien

Bild 4: *Die Notrutsche der Boeing 777-236 ER des British Airways Fluges 38, welcher im Jahr 2008 auf dem Flughafen London-Heathrow bruchlandete (Bild: CC BY 3.0, Marc-Antony Payne).*

Eine davon zeigt an, ob die Notrutsche aktiviert ist oder nicht (»slide armed«) die zweite gibt Auskunft über den Kabinendruck (»cabin pressure«), der Innendruck der Kabine ist höher als der Außendruck.

Trivia:
Im Jahr 2019 ist im US-Bundesstaat Massachusetts eine dieser Notrutschen bei einer Boeing von Delta Airlines, welche auf dem Weg von Paris nach Boston war, abgefallen. Während des Fluges hatte sich diese aus bisher ungeklärter Ursache vom Flugzeug gelöst. Die Rutsche ist in einen Vorgarten gefallen und hatte nur einen geringen Sachschaden verursacht – Personen wurden glücklicherweise nicht verletzt.

2 Im Einsatz

2.1 Der Führungsvorgang nach FwDV 100

»Führung ist die Einflussnahme auf die Entscheidungen und das Verhalten anderer Menschen mit dem Zweck, mittels steuerndem und richtungsweisendem Einwirken vorgegebene und aufgabenbezogene Ziele zu verwirklichen.« (FwDV100)

Demnach ist der Führungsvorgang zielgerichtet, immer wiederkehrend und in sich ein geschlossener Denk- und Handlungsablauf bei welchem Entscheidungen vorbereitet und umgesetzt werden. Der Führungsvorgang ist nicht auf die Tätigkeit der Einsatzleiterin oder des Einsatzleiters beschränkt, sondern ist von den Führungskräften auf allen Führungsebenen sinngemäß anzuwenden.

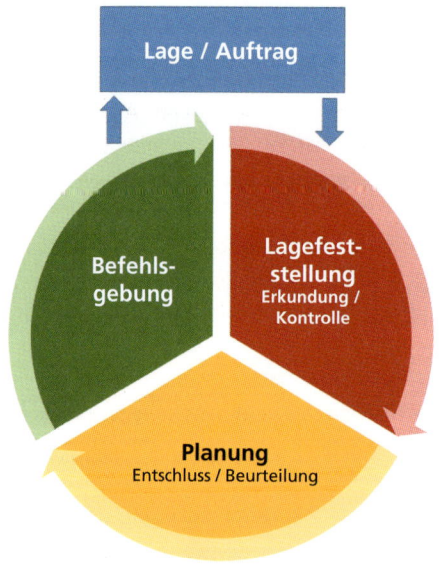

Bild 5: *Die einzelnen Phasen des Führungsvorgangs (vgl. HLFS o. A.)*

Die Einsatzleiterin oder der Einsatzleiter muss zur Gefahrenabwehr
- die richtigen Mittel
- zur richtigen Zeit
- am richtigen Ort einsetzen.

2.1 Der Führungsvorgang nach FwDV 100

2.1.1 Lagefeststellung und Erkundung des Umfelds

Aus der Lagefeststellung/Erkundung sind für den Einsatzleiter relevant:
- Objektbeschreibung,
- Schadenereignis,
- Umfeld etc.

Zur Erkundung nimmt der Einsatzleiter in der Regel den Führungsassistenten und/oder den Fahrzeugführer des ersteintreffenden Fahrzeuges mit und legt, falls die Einsatzstelle nicht einsehbar bzw. überschaubar ist, einen Haltepunkt für nachrückende Fahrzeuge fest.

Die vier Phasen der Erkundung sind immer zu berücksichtigen:
1. Frontalansicht,
2. Befragung,
3. Innenansicht,
4. Rundumansicht (360°).

Der Einsatzleiter muss nicht alle Punkte der Erkundung eigenständig umsetzen, es ist möglich Aufgaben an seine Einheitsführer zu delegieren. Als Erkundungsergebnis sollten wichtige Fragestellungen, wie die Anzahl und Situation der gefährdeten oder betroffenen Personen oder die Zugänglichkeit zum Schadengebiet, beantwortet werden können.

Sollte sich nach oder während der Erkundung bereits sofort einzuleitende Maßnahme ableiten lassen, beispielsweise:
- man erkennt, dass die alarmierten Kräfte und Mittel nicht ausreichend sind,
- man findet akut vital bedrohte Personen
- oder eine Person befindet sich in akuter Absturzgefahr,

so sind direkte Maßnahmen einzuleiten.

> **Fiktives Beispiel:**
> Wir nehmen als Beispiel den Einsatz der Freiwilligen Feuerwehr Sankt Augustin am 23.03.2022. Um 12.42 Uhr wird der Absturz eines Kleinflugzeuges in Hangelar gemeldet. Das Beispiel soll fiktiv eine mögliche Vorgehensweise aufzeigen und nicht die realen Ereignisse widerspiegeln. Angenommen die Feuerwehr ist mit einem Rüstzug, bestehend aus ELW 1, HLF 1, RW 1 und HLF 2, ausgerückt.
> Beim Eintreffen an der Einsatzstelle bietet sich den Rettungskräften folgendes Bild:

2　Im Einsatz

Bild 6: *Unfall eines Kleinflugzeuges kurz nach dem Start im nordrhein-westfälischen Sankt Augustin. Das Flugzeug liegt umgedreht auf einer Gartenhütte. Die Insassen konnten sich selbst befreien (Bild: Feuerwehr Sankt Augustin)*

Das Kleinflugzeug befindet sich auf dem Dach liegend im Garten eines Zweifamilienhauses. Beim Start war die Cessna über die Startbahn hinausgeschossen, hatte sich überschlagen und kam dann auf einer Gartenhütte zum Erliegen.
Es gilt zunächst bei der Erkundung den Fokus auf mögliche Insassen zu legen (Anzahl, Gesundheitszustand, eingeklemmt etc.). Der Einsatzleiter muss parallel bei der Erkundung auf mögliche Gefahren achten (bspw. Vorhandensein eines Gesamtrettungssystems, Stabilität, auslaufende Kraftstoffe, sonstige Gefährdungen), um ein sicheres Tätigwerden zu ermöglichen. Des Weiteren sollte durch den Einsatzleiter das Luftfahrzeugkennzeichen erkundet werden und über Leitstelle weitere Informationen bei der deutschen Flugsicherung (DFS) eingeholt sowie in Rücksprache mit der Polizei die Bundesstelle für Flugunfalluntersuchung (BFU) verständigt werden.

Wie bei allen anderen Einsätzen beginnt für die Einheitsführerin oder den Einheitsführer die erste Erkundung bereits durch das Einsatzstichwort. Dieses enthält bereits meist wichtige Informationen zur Lage. Weitere Informationen ergeben sich dann bei

2.1 Der Führungsvorgang nach FwDV 100

der Anfahrt (Zugang zum Einsatzort, Wetter, Rauchentwicklung o. ä.) bzw. bei erstem Sichtkontakt (Lage auf Sicht). Gerade bei Flugunfällen ist schon frühzeitig eine erste Lageeinschätzung bezüglich des Ausmaßes des Schadens notwendig, um weitere Kräfte entsprechend nachzufordern aber auch koordinieren zu können. Denn die Maßnahmen und Kräftenachforderungen unterscheiden sich je nach individueller Lage sehr stark. Doch diese Einschätzung ist nicht immer einfach.

Tipp:
Es bietet sich an, ein Fernglas auf den Fahrzeugen verladen zu haben. Eine erste Sichterkundung kann somit durchgeführt werden, ohne sich ggf. in einen Gefahrenbereich zu begeben (analog zum Vorgehen bei einem Gefahrgutunfall). Es bietet sich hierdurch aber auch die Möglichkeit, ausgedehnte Einsatzstellen überblicken zu können.

Bei den Einsatzstellen außerhalb des Einzugsgebietes von Flughäfen ist die örtliche Feuerwehr zunächst auf sich allein gestellt. In den meisten Fällen ist die Zugänglichkeit zum Unfallort schwer zu lokalisieren, was eine erste Lageeinschätzung verzögert. Als mögliche Hindernisse seien hier erwähnt: Waldgebiete, schlechte Witterung, Nacht, Regen, Nebel etc. Um ein nicht einsehbares Gebiet bzw. eine Schadenstelle bei einem Flugzeugunfall gut überblicken zu können, bietet es sich an, auch Unterstützung aus der Luft (zur Suche oder Lageeinschätzung) in Form von Hubschraubern und/oder einer Drohne anzufordern. Auch in Bereichen von »Search and Rescue«-Standorten ist es von Vorteil, diese Einheit heranzuziehen.

Der Führungsvorgang beginnt mit der **Lagefeststellung**. Neben der Aufgabe, frühestmöglich die Anzahl und Situation der lebensbedrohten Personen an der Einsatzstelle festzustellen sollten vor allem folgende Sachverhalte im Zuge der Ersterkundung in Erfahrung gebracht werden, da sie maßgeblich für den weiteren Einsatzverlauf von Relevanz sein können:

Als Merkhilfe für die Erkundung bietet sich hier die sogenannte **ABI 360-Regel** an:

- **A**ußenansicht
- **B**efragen
- **I**nnenansicht
- **G**esamtansicht (**360°**)

Außenansicht
Was ist die Ursache für den Absturz? Was ist passiert? Hier sollte keine Spekulation betrieben werden, wie es zu dem Unfall kam. Vielmehr sollte erkundet werden, in

welcher Lage sich das Flugzeug befindet. Ist es abgestürzt, notgelandet oder notgewassert. In welchem Gebiet ist der Unfall geschehen, beispielsweise in einem bewaldeten Gebiet oder gar einem Wohngebiet?

Was für ein Flugzeugtyp liegt vor? Hiermit ist erstmal nicht nur das Modell gemeint, sondern welcher Kategorie von Flugzeug die verunglückte Maschine grob zuzuordnen ist. Über den Flugzeugtyp ist auch eine Gewichtseinschätzung möglich. Gegebenenfalls kann dies im weiteren Einsatzverlauf beim Heben und Ziehen von Bedeutung sein. Mittels des Luftfahrzeugkennzeichens lässt sich der Typ und das Modell herausfinden. Auch sind für einige Flugzeuge Rettungsdatenblätter verfügbar (vgl. Kapitel 2.1.1.2). Ebenso sollte bei kleineren Flugzeugen das Vorhandensein eines Gesamtrettungssystems umfangreich erkundet werden. Die Funktionsweise von Gesamtrettungssystemen wird in den folgenden Kapiteln erläutert.

Handelt es sich bei dem Flugzeug um ein Zivil- oder Militärflugzeug? In der Frühphase des Einsatzes muss zwingend zwischen zivilem und militärischem Luftfahrzeug unterschieden werden. Hieraus ergeben sich erheblich unterschiedliche einsatztaktische Maßnahmen.

Was für sonstige sichtbare Gefahren/Gefährdungen sind erkennbar? Hier sind unter anderem folgende Punkte zu nennen: laufende Triebwerke/Motoren, herumliegende Teile, nichtausgelöste Rettungssysteme, auslaufende Betriebsstoffe etc.

Befragen
Es sollte versucht werden, möglichst viele Informationen durch Befragen der Anwesenden zu erhalten. Dies können Betroffene und Unfallzeugen sein. Sehr wertvolle Informationen erhalten Sie vor allem von Piloten und Copiloten. Falls diese ansprechbar sind, befragen Sie sie zum Vorhandensein eines Gesamtrettungssystems, der Anzahl der Passagiere oder Besonderheiten der Fracht. Bei Militärmaschinen fragen Sie nach dem Vorhandensein und Sicherungszustand der Bordwaffen!

Innenansicht:
In der Innenansicht soll in Erfahrung gebracht werden wie viele Insassen noch im Flugzeug sind. Hierbei sollte Folgendes beachtet werden:
- Wie ist der Verletzungsgrad der Insassen und müssen diese ggfs. befreit werden?
- Für welche Person ist die Situation lebensbedrohlich und wem muss zuerst geholfen werden?

Anmerkung: Analog zum Vorgehen bei Verkehrsunfällen sollte den Rettungsgrundsätzen gefolgt werden. Dies bedeutet, dass bewusstlose Personen schnellstmöglich

2.1 Der Führungsvorgang nach FwDV 100

aus der Zwangslage zu befreien sind. Eingeklemmte, aber ansprechbare Personen, welche nicht akut vital gefährdet sind, sollten erst befreit werden, wenn medizinisches Personal vor Ort ist.

Des Weiteren sollte erkundet werden, ob eine Auslöseeinrichtung eines Rettungssystems vorhanden ist, wo sich ggfs. das Kraftstoffsperrventil (Brandhahn, Notaus) befindet und ob weitere Gefahren im Innenraum erkennbar sind.

Gesamtansicht (360°):
Mit der Gesamtansicht sollen die gewonnenen Erkenntnisse in einem Bild zusammenfließen. Folglich wird hier die Lagefeststellung abgeschlossen und in die Phase der Planung (Beurteilung) übergegangen. Nun sollte dem Einsatzleiter bewusst sein, ob die Zahl der Einsatzkräfte ausreichend ist oder weitere Kräfte nachgefordert werden müssen. Die erste Erkundung ist somit extrem wichtig für den gesamten Einsatzerfolg. Eine Hilfestellung zur Erkundung während der Außenansicht sollen die nachfolgenden Kapitel bieten:

2.1.1.1 Luftfahrzeugkennzeichen

Ähnlich wie bei einem Pkw hat jedes Luftfahrzeug eine Art »Nummernschild«, welches das Luftfahrzeug eindeutig identifiziert. Gemäß Artikel 20 des Abkommens über die internationale Zivilluftfahrt von 1944 wird vorgeschrieben, dass jedes Luftfahrzeug mit einem eindeutigen Kennzeichen beschriftet sein muss. Dieses Kennzeichen setzt sich zusammen aus dem Staatszugehörigkeitszeichen des Staates, in dem das Luftfahrzeug registriert ist und einem nationalen Eintragungszeichen.

Die Zuordnung der Staatsangehörigkeitszeichen geht zurück auf das Washingtoner Radiotelefonieabkommen von 1927. Jedem Land wurde ein Buchstabenbereich zugewiesen, den es für die Kennung seiner Funkstationen verwenden musste. Während die Zuordnung bei einigen Ländern nach dem Anfangsbuchstaben des Landes erfolgte, beispielsweise »D« für Deutschland oder »F« für Frankreich, so sind bei Anderen die Zuordnung wohl eher zufällig.

2 Im Einsatz

Bild 7: *Luftfahrzeugkennzeichen bestehend aus dem Staatsangehörigkeitszeichen »D« für Deutschland und dem nationalen Eintragungszeichen »AECF«, wobei das »A« der Luftfahrzeugklasse für Flugzeuge mit einem Höchstabfluggewicht über 20 t entspricht (Bild: Markus Lischka).*

Tabelle 6: *Gängige Staatsangehörigkeitszeichen*

D	Deutschland	OE	Österreich	HB	Schweiz
OY	Dänemark	PH	Niederlande	OO	Belgien
LX	Luxemburg	OK	Tschechien	SP	Polen
G	Großbritannien	EI	Irland	F	Frankreich
EC	Spanien	CS	Portugal	I	Italien
LN	Norwegen	SW	Schweden	K,N,W	USA

Die weitere Kategorisierung der Luftfahrzeugkennzeichen in Deutschland wird durch die Anlage 1 der Luftverkehrs-Zulassungs-Ordnung (LuftVZO) festgelegt. Zivile Kennzeichen von Luftfahrzeugen in Deutschland bestehen aus dem Staatsangehörigkeitszeichen »D«, gefolgt von einem einmaligen nationalen Eintragungszeichen. Der erste Buchstabe des nationalen Eintragungszeichens gibt die Kategorie des Flugzeuges bzw. die höchstzulässige Startmasse an. Eine Besonderheit bilden nichtmotorisierte Segelflugzeuge, hier folgt nach dem Buchstaben »D« eine vierstellige Nummer.

2.1 Der Führungsvorgang nach FwDV 100

Tabelle 7: *Kategorisierung der Eintragungszeichen nach Flugzeugtyp*

Eintragungszeichen	Typ	Höchstzulässige Startmasse	Beispiele
A	Flugzeuge	über 20 t	Boeing 747, Airbus A380, Airbus A 320
B	Flugzeuge	14 t – 20 t	Dornier 328-300
C	Flugzeuge	5,7 t – 14 t	Learjet 35
E	Einmotorige Flugzeuge	< 2 t	Cessna 172, Piper-PA 28
F	Einmotorige Flugzeuge	2 t – 5,7 t	Pilatus PC 12, Cessna 208
G	Mehrmotorige Flugzeuge	< 2 t	Piper PA-34, Diamond DA-42
I	Mehrmotorige Flugzeuge	2 t – 5,7 t	Beech Baron 58, Piper PA-42
H	Drehflügler (Hubschrauber)	–	Eurocopter EC 135, Bell UH 1
L	Luftschiffe	–	Zeppelin NT
K	Motorsegler	–	Scheibe SF 25, Grob G 109
M	Luftsportgeräte, motorgetr. (Ultraleichtflugzeuge)	–	Ikarus C42, Flight Design CTSW, Pipistrel Taurus
N	Luftsportgeräte, nicht motorgetr. (ultraleichte Segelflugzeuge)	–	Pipistrel Apis
O	Bemannte Ballone (Gas und Heissluft)	–	Schroeder, Kubicek
Kennzahl (bspw. D-1234)	Segelflugzeuge	–	Rolladen-Schneider LS4, DG-1000, Schleicher K8, Grob G 103

Kennzeichen militärischer Maschinen

Seit 1986 werden militärische Luftfahrzeuge der Bundeswehr mit einem Nummernsystem gekennzeichnet. Hieraus lassen sich auch Rückschlüsse auf Typ und Seriennummer ziehen. Dieses sogenannte »Taktische Kennzeichen« setzt sich zusammen

2 Im Einsatz

aus zwei führenden Zahlen, die einem Flugzeugmuster zugeordnet sind und zwei weiteren individuellen Zahlen, die das Flugzeug identifizieren. In der Mitte steht ein Eisernes Kreuz.

Bild 8: *Panavia Tornado des Taktischen Luftwaffengeschwaders 33 mit der Kennzeichnung »45+66«. Gut zu erkennen ist auch die Notaufsprengung der Kabinendachverglasung und die Schleudersitz-Warnhinweise (Bild: Jörg Auf dem Wasser).*

2.1 Der Führungsvorgang nach FwDV 100

Tabelle 8: *Beispiele für Taktische Kennzeichen (Auswahl) In der Tabelle wird statt dem Hoheitszeichen der Bundeswehr (vgl. Bild 8) ein +-Zeichen gesetzt.*

Taktisches Kennzeichen	Flugzeug/Hubschrauber
10 + 01 – 10 + 03	Airbus A350-900
10 + 23 – 10 + 27	Airbus A310
30 + 01 – 31 + 53	Eurofighter Typhoon
43 + 01 – 46 + 57	Panavia Tornado (IDS und ECR zusammen)
50 + 01 – 51 + 15	C-160 Transall
74 + 01 – 74 + 70	Eurocopter Tiger
78 + 01 – 79 + xx	NH 90 TTH (Heer) und NTH (Marine)
84 + 01 – 85 + 12	Sikorsky CH-53

Unbemannte Luftfahrzeuge (Drohnen) der Bundeswehr besitzen die Nummern 90 + xx, 91 + xx oder 93 + xx. Prototypen werden von 98 + 01 bis 99 + 99 gekennzeichnet.

Wichtig:

Ausgemusterte Militärflugzeuge, die als zivile Maschinen weiterbetrieben werden, können auf Antrag das ursprüngliche Militärkennzeichen als Dekoration weiterführen. Hier ist die Unterscheidung teilweise nicht ganz einfach, da solche Maschinen auch oftmals noch einen militärischen (Tarn-)Anstrich haben. Ist jedoch ein ziviles Kennzeichen vorhanden, gilt die Maschine als ziviles Flugzeug.

US-Militär

Innerhalb des US-Militärs gibt es Unterschiede in der Kennzeichnung von Fluggeräten der Teilstreitkräfte Air Force, Navy und Army. Die US-Air Force verwendet vier- oder fünfstellige Seriennummern, die Navy verwendet sechsstellige Nummern. Die Army wiederum stellt einer fünfstelligen Seriennummer noch das zweistellige Herstellungsjahr voran.

Die Seriennummern sind zumeist auf dem Heckleitwerk angebracht und geben keine Hinweise auf den Flugzeugtyp. Auch sind sie vereinzelt abgekürzt abgebildet. Um die Frage zu klären, ob es sich bei einem Flugzeug um eines des US-Militärs handelt, sollte daher weniger auf die Seriennummer, sondern vielmehr auf die Schriftzüge »USAF« oder »AF« für US-Air Force, »NAVY« und »US ARMY« geachtet werden. Auch sind die amerikanische Flagge, das Wappen der Air Force oder ein Geschwaderwappen hilfreiche Anhaltspunkte.

2 Im Einsatz

Bild 9: *Ein Transportflugzeug vom Typ C-130 »Hercules« der Air National Guard (ANG) Wyoming. Auf dem vorderen Teil des Rumpfes ist gut die Aufschrift »U. S. AIR FORCE« und auf dem hinteren Rumpfteil die Flugzeugkokarde der Air Force zu erkennen. Auf dem Heckleitwerk ist ebenfalls die Seriennummer »21531« angebracht (Bild: Markus Lischka)*

Wichtig:

Im Falle eines Unfalles mit Flugzeugen des US-Militärs ist umgehend die Rettungsleitstelle der Bundeswehr zu alarmieren, welche ihrerseits das US-Militär informiert. Siehe hierzu auch Kapitel 2.2 »Zusammenarbeit«. Aufgrund des NATO-Truppenstatuts leitet dieses die Flugunfallermittlungen und wird hierbei von den Feldjägern der Bundeswehr unterstützt.

Das NATO-Truppenstatut regelt grundsätzlich den Aufenthalt von Streitkräften der NATO auf dem Gebiet anderer NATO-Staaten. Dort ist aber auch verankert, dass die Ermittlungen an das Land abgegeben werden, zu dem das verunglückte Militärfahrzeug oder -flugzeug gehört. Grundsätzlich werden Absturzstellen zum militärischen Sicherheitsbereich erklärt. Sollten daher Militäreinheiten den Eingriff von Rettungskräften untersagen, so ist hier Folge zu leisten.

2.1 Der Führungsvorgang nach FwDV 100

2.1.1.2 Rettungsdatenblätter

Über das Luftfahrzeugkennzeichen lässt sich der Hersteller und das Modell des jeweiligen Fluggerätes ermitteln. Oftmals ist hierbei schon die Eingabe des Luftfahrzeugkennzeichens in eine der gängigen Internet-Suchmaschinen hilfreich.

Einige Hersteller (vor allem die der Großflugzeuge wie Boeing oder Airbus) bieten Rettungsdatenblätter bzw. Rettungskarten an. Diese sind unter Bezeichnungen wie »Aircraft Rescue and Fire Fighting Chart (ARFC)« oder »Airplane Rescue and Fire Fighting Information (ARFF)« auf den Websites der jeweiligen Hersteller zu finden. Auch auf der Webseite der ICAO (https://www.icao.int/safety/lists/rffcrashcharts/allitems.aspx, Stand August 2022) ist eine Übersicht von verfügbaren Rettungskarten vorzufinden. Sie bieten zum jeweiligen Flugzeugmodell auf Schaubildern diverse Informationen, beispielsweise zu:
- Lage von brennbaren Flüssigkeiten (Treibstoffe, Öle etc.),
- Lage von Sauerstoffflaschen,
- Lage der Batterien und Hilfsgeneratoren,
- Türen und Zugangsmöglichkeiten zum Flugzeug,
- Anleitung zum Öffnen von Türen,
- Lage der Notrutschen.

2.1.1.3 Navigationsbeleuchtung (Navigation lights)

Hilfreich bei der ersten Erkundung ist, wenn der Einsatzleiter auch bei Nacht schnell die Lage und Ausrichtung des Flugzeuges erkennen kann. Flugzeuge und Hubschrauber sind mit einer Navigationsbeleuchtung, auch Positionslichter genannt,

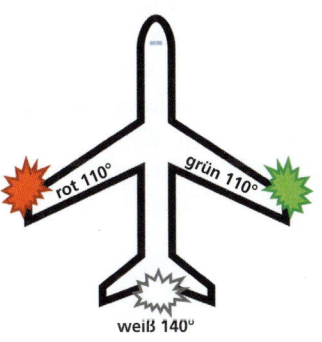

Bild 10: *Navigationsbeleuchtung an Fluggeräten*

ausgestattet. Hierbei handelt es sich um grüne und rote Lichter, die an den Flügelspitzen angebracht sind und um ein weißes Licht am Heck des Flugzeuges. Vom Heck des Flugzeuges aus betrachtet, befindet sich das rote Positionslicht am linken Flügel und das grüne Positionslicht am rechten Flügel.

Eselsbrücke:
Auch in der Luft gibt es Vorfahrtsregeln zwischen Luftfahrzeugen, sozusagen ein »Rechts- vor Links«. Sieht man als Pilot ein rotes Licht (linker Flügel), kommt das andere Flugzeug von rechts und hat »Vorfahrt«. Sieht man ein grünes Licht (rechter Flügel), so kommt man selbst von rechts und hat »Vorfahrt«. Die Positionsbeleuchtung bei Booten folgt übrigens dem gleichen Prinzip, links (backbord) rote Beleuchtung, rechts (steuerbord) grüne Beleuchtung.

2.1.1.4 Flugdatenschreiber und Stimmenrekorder (Black Box)

Zur Aufklärung von Flugzeugunglücken, auch Beinaheunfällen, sind die sogenannten Flugdatenschreiber in Flugzeugen verbaut. Der Erfinder der Flugdatenschreiber ist der australische Luftfahrttechniker David Warren. Er hatte die Idee, im Zuge von Ermittlungen von Absturzserien in den Jahren 1953 und 1954 ein Gerät zu entwickeln, welches wichtige Flugdaten speichert und die Gespräche im Cockpit aufzeichnet. Im Jahre 1967 war Australien weltweit das erste Land, welches den Einbau einer Black Box vorschrieb. Die Black Box setzt sich demzufolge aus einem Stimmenrekorder (Cockpit Voice Recorder, CVR) und einem Flugdatenschreiber (Flight Data Recorder, FDR) zusammen – beide Bauteile können auch einzeln verbaut sein.

Nach heutiger Vorschrift müssen alle in der kommerziellen Luftfahrt genutzten Flugzeuge damit ausgestattet sein. Nachdem erfahrungsgemäß bei einem Unfall das Heck und die Flugzeugmitte am wenigsten zerstört werden, sind die meisten Black Boxen dort verbaut. Die Black Boxen sind, anders als es der Name vermuten lässt, in Orange (RAL 2005) lackiert und haben etwa die Größe eines Schuhkartons. Sie sind versehen mit der Aufschrift »Flight-Recorder« bzw. »Enregistreur de Vol«. Der Stimmenrekorder trägt die Aufschrift »Cockpit Voice Recorder«.

Das Gewicht beträgt sieben bis acht Kilogramm. Das Gerät ist so konzipiert, dass es eine Hitzeeinwirkung von 1.100°C über eine Dauer von 60 Minuten standhalten kann. Auch ist das Gerät bis zu einer Wassertiefe von 6.000 Metern wasserdicht (ein Peilsender wird automatisch aktiviert) und hält einen Aufprall mit 425 km/h aus.

2.1 Der Führungsvorgang nach FwDV 100

Sollten Einsatzkräfte einen Flugdatenschreiber und/oder einen Stimmenrekorder während des Einsatzgeschehens finden, so ist dieser unbedingt sicherzustellen und der verantwortlichen Behörde für die Flugunfallermittlung zu übergeben!

Bild 11: *Flugdatenschreiber des Hubschraubers NH90 (Bild: Luftfahrtamt der Bundeswehr)*

2.1.2 Planung

Nach abgeschlossener Lageerkundung geht es nach Führungskreislauf in die Phase der Planung über. Als Hilfsmittel hat sich die Gefahrenmatrix etabliert. Sie findet Anwendung auf Mensch, Mannschaft, Tiere, Umwelt, Sachwerte und Geräte. In den nachfolgenden Kapiteln werden Beispiele für »Gefahren der Einsatzstelle« gegeben, welche bei Unfällen mit Luftfahrzeugen vorhanden sein können.

2 Im Einsatz

Gefahren durch: Gefahren für:	A Angstreaktion	A Ausbreitung	A Atemgifte	A Atomare Stoffe	C Chemische Stoffe	E Erkrankung Verletzung	E Elektrizität	E Einsturz	E Explosion
Menschen									
Tiere									
Umwelt									
Sachwert									
Einsatzkräfte									

Bild 12: *Die Gefahrenmatrix mit einzelnen Gefahren für die unterschiedlichen Betroffenen (vgl. HLFS o. A.).*

Nachdem die Gefahren erkannt wurden, muss der Einsatzleiter, ggf. auch nach Rücksprache mit seinen Einheitsführern, priorisieren, welche Gefahr an welcher Stelle zuerst bekämpft werden muss. Auch muss zwingend thematisiert werden, vor welchen Gefahren sich die Einsatzkräfte schützen müssen.

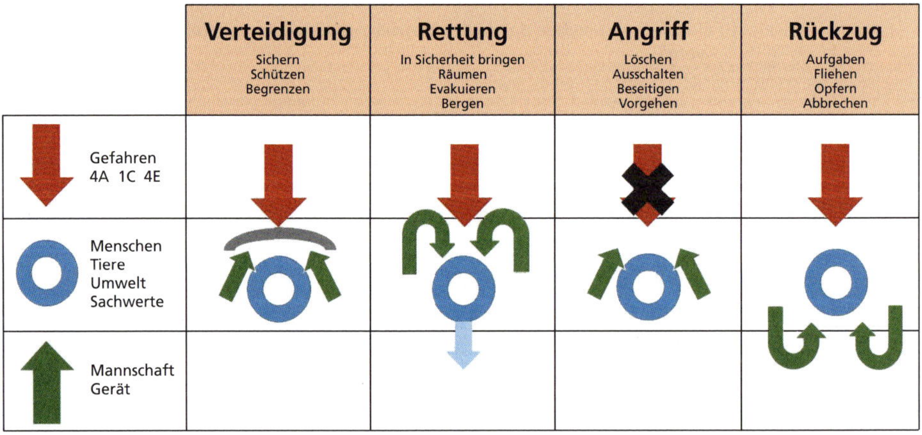

		Verteidigung Sichern Schützen Begrenzen	Rettung In Sicherheit bringen Räumen Evakuieren Bergen	Angriff Löschen Ausschalten Beseitigen Vorgehen	Rückzug Aufgaben Fliehen Opfern Abbrechen
↓	Gefahren 4A 1C 4E				
○	Menschen Tiere Umwelt Sachwerte				
↑	Mannschaft Gerät				

Bild 13: *Die taktischen Möglichkeiten bei der Gefahrenabwehr (vgl. HLFS o. A.)*

2.1 Der Führungsvorgang nach FwDV 100

In einem nächsten Schritt wägt er ab, welche taktischen Vorgehensweisen zum Erreichen des Ziels/der priorisierten Ziele möglich sind. Daraus lassen sich mehrere taktische und technische Lösungsmöglichkeiten ableiten. Vor- und Nachteile der genannten Wege sind zu beurteilen. Weiter sollten Faktoren wie Sicherheit, Aufwand, Schnelligkeit, Umweltverträglichkeit oder ggf. Nebenwirkungen in der Entscheidungsfindung berücksichtigt werden. Oft können vor allem in den ersten Minuten des Einsatzes nicht alle Gefahren abgearbeitet bzw. bekämpft werden, so dass man Einsatzschwerpunkte unter Berücksichtigung der vorhandenen Ressourcen (Mannschaft und Einsatzmittel) bilden muss. Aspekte wie Ordnung des Raumes, Bewegungsabläufe aber auch der Schutz der eigenen Einsatzkräfte sind Bestandteile der Planung.

> **Beispiel:**
> Im vorliegenden Beispiel hatten sich die Insassen glücklicherweise selbst aus dem Flugzeug befreien können. Insofern wurde eine Menschenrettung durch Einsatz von technischem Gerät nicht notwendig. Aufgrund des Unfallherganges ist bei den Insassen prinzipiell mit einer Verletzung zu rechnen (wenn auch nicht ersichtlich) so dass, falls der Rettungsdienst noch nicht eingetroffen ist, eine Betreuung veranlasst werden muss. Um eine weitere Gefährdung für Umwelt und Sachwerte durch auslaufenden Kraftstoff zu minimieren, wird zunächst der Brandschutz sichergestellt und der Kraftstoffaustritt versucht zu stoppen. Gegebenenfalls muss auch das Luftfahrzeug in einen sicheren Zustand versetzt sowie gegen eine unkontrollierte Bewegung gesichert werden.

2.1.3 Befehlsgebung

Nach dem oben genannten Prozess erfolgt die Befehlsgebung (Entschluss) durch den Einsatzleiter. Hierbei werden ersten Befehle nach dem folgenden Schema an die beteiligten Einheitsführer verteilt:

- Einheit,
- Auftrag,
- Mittel,
- Ziel,
- Weg.

Abschließend sollte dann durch den Einsatzleiter eine erste umfassende Lagemeldung erfolgen, bevor sich der Führungskreislauf bei Phase 1 angefangen wiederholt.

> **Beispiel:**
> Im Abschluss der Planungsphase ist den verfügbaren Einheiten ein konkreter Auftrag zu erteilen. Dieser könnte im vorliegenden Fall wie folgt lauten:
> HLF 1 und RW 1: Betreuung der Insassen und die Sicherung des Luftfahrzeuges gegen Abrutschen
> HLF2: Sicherstellung des Brandschutzes und Aufnahme von Betriebsmitteln

2.2 Zusammenarbeit mit anderen Dienststellen

Kommt es zu einem Unfall mit einem Luftfahrzeug wird die zuständige Rettungsleitstelle in der Regel durch den Flugalarmdienst der Deutschen Flugsicherung und/oder durch Zeugen alarmiert. In Bezug auf die Einsatzleitung gelten, wie bei anderen Schadenereignissen auch, zunächst die verschiedenen Gesetze der einzelnen Bundesländer (bspw. Hessisches Brand- und Katastrophenschutzgesetz, Bayrisches Feuerwehrgesetz etc.). Aus diesen Gesetzen ergeben sich die entsprechenden Zuständigkeiten. In den meisten Fällen liegt jedoch vorerst die Einsatzleitung beim Einsatzleiter der örtlich zuständigen Feuerwehr. Dies kann auch bei bestimmten regionalen Flughäfen, aufgrund der länderrechtlichen Festlegungen, der Fall sein. Je nach Art des verunfallten Luftfahrzeuges sind noch weitere Behörden beteiligt. Bei Unfällen von zivilen Luftfahrzeugen ist die Bundesstelle für Flugunfalluntersuchung (BFU) zuständig, bei Unfällen von militärischen Luftfahrzeugen der General Flugsicherheit der Bundeswehr (GenFlSichhBw) beim Luftfahrtamt der Bundeswehr (LufABw).

Bei der BFU handelt es sich um eine Bundesbehörde im Geschäftsbereich des Bundesministeriums für Verkehr und digitale Infrastruktur. Die BFU hat nach § 1 Abs. 3 Flugunfalluntersuchungsgesetz (FlUUG) die Aufgabe, Unfälle und schwere Störungen beim Betrieb von zivilen Luftfahrzeugen in Deutschland zu untersuchen und deren Ursachen zu ermitteln. Die BFU ist vom Piloten des verunglückten Flugzeuges oder den jeweiligen Flugplätzen zu informieren (vgl. § 7 Luftverkehrsordnung), dies ist demnach keine Verpflichtung der Rettungskräfte. Grundsätzlich ist es den Ermittlungen jedoch zuträglich, wenn die BFU schnellstmöglich informiert wird, was auch über die jeweilige Rettungsleitstelle erfolgen kann. Die BFU wird dann auch schnellstmöglich Kontakt zum Einsatzleiter der Feuerwehr aufnehmen, um erste Informationen auszutauschen. Anschließend kommen die Untersuchungsführer der BFU zur Unfallstelle.

2.2 Zusammenarbeit mit anderen Dienststellen

Wichtig für die Ermittlungen der BFU ist, dass die Absturzstelle so früh wie möglich abgesperrt wird. Neben der Rettung Verletzter, was erstes Ziel sein muss, müssen anschließend Löschmaßnahmen und Maßnahmen zur Abwehr von unmittelbaren Gefahren durchgeführt werden. Jedoch sollte möglichst wenig am Schadenbild verändert werden. Geregelt wird dies in § 12 FlUUG. Wrackteile, Ladung und dergleichen dürfen nicht bewegt werden. Bei Leichen und Leichenteilen ist genauso zu verfahren. Hieraus lässt sich ein möglichst genauer Ablauf des Unfallhergangs rekonstruieren.

Seitens der Rettungskräfte sollte stets dokumentiert werden, welche Maßnahmen am Flugzeug und der Unfallstelle durchgeführt wurden. Dies könnte beispielsweise sein

- welche Lage hatten Verletzte bzw. wie war der Patientenzustand vor Übergabe an den Rettungsdienst?
- welche Teile mussten wie bewegt werden, um Zugang zu erhalten?
- wann und wie wurde das Luftfahrzeug evtl. durch die Rettungskräfte mit hydraulischem Rettungsgerät deformiert.
- wann wurde das Kraftstoffsperrventil (Brandhahn) geschlossen?
- wann wurde das Auslöseseil des Gesamtrettungssystems gekappt?

Hilfreich für die Flugunfallermittlungen sind sicherlich auch Fotos von der Absturzstelle, bevor o. g. Eingriffe durchgeführt wurden. Hier muss jedoch der Einsatzleiter individuell beurteilen, ob hierfür personelle Ressourcen in dieser frühen Phase des Einsatzes abgestellt werden können.

Bei der Untersuchung von Unfällen, bzw. Störungen, an denen ausschließlich militärische Luftfahrzeuge beteiligt sind, ist die vom Verteidigungsministerium bestimmte Stelle zuständig. Das Verteidigungsministerium hat diese Aufgabe dem General Flugsicherheit der Bundeswehr in Köln-Wahn übertragen. Kommt es zu einem Unfall mit einem militärischen Luftfahrzeug ist dieser unverzüglich zu verständigen. In der Regel erfolgt dies über die Kommunikation des Flugalarmdienstes der Deutschen Flugsicherung mit der Militärischen Search and Rescue (SAR) – Rettungsleitstelle der Bundeswehr.

Anschließend wird meist eine Einheit der Bundeswehr (jeweils zuständiges Feldjägerdienstkommando) zur Unfallstelle entsandt. Diese hat die Befugnis, gemäß dem Gesetz über die Anwendung unmittelbaren Zwanges und die Ausübung besonderer Befugnisse durch Soldaten der Bundeswehr und verbündeter Streitkräfte sowie zivile Wachpersonen (UZwGBw), den gesamten Bereich der Unfallstelle zum militärischen Sicherheitsbereich zu erklären. Der örtliche Einsatzleiter hat sich in diesem Fall den Vorgaben des Militärs zu fügen. Bei Unfällen ausländischer militärischer Luftfahrzeuge wird ggf. zusätzlich die Militärpolizei des beteiligten Militärs (bspw. US-Military Police) benachrichtigt.

Merke:
Alle Maßnahmen der Rettungskräfte müssen bei Unfällen ausländischer militärischer Luftfahrzeuge mit den militärischen Dienststellen abgestimmt werden. Es bietet sich an, das Gespräch zu suchen und zu fragen ob – und wie man ggf. unterstützen kann.

Bei einem Unfall mit einem zivilen und einem militärischen Luftfahrzeug arbeiten die Bundesstelle für Flugunfalluntersuchung und der General Flugsicherheit der Bundeswehr eng zusammen. Die Freigabe der Unfallstelle erfolgt erst durch den jeweiligen Untersuchungsführer in Abstimmung mit der zuständigen Polizeibehörde.

Erreichbarkeiten der Dienststellen (Stand 8/2022):

Bundesstelle für Flugunfalluntersuchung (BFU)
Telefon: 0531/35 48 0
Fax: 0531/35 48 246

SAR – Rettungsleitstelle der Bundeswehr – Münster
Telefon: 0251/13 57 57

SAR – Rettungsleitstelle der Bundeswehr – Glücksburg
(im Bereich Schleswig-Holstein, Hamburg, Küste Niedersachsen, Mecklenburg-Vorpommern)
Telefon: 04631/666 3251

Feldjägernotruf
Telefon: 0800/190 99 99

2.3 Presse- und Medienarbeit

Wie sicherlich jede Hilfsorganisation in den vergangenen Jahren festgestellt hat, sind Medienvertreter, gerade bei nicht alltäglichen Einsätzen, schnell an den Einsatzstellen präsent. Aufgrund der guten Vernetzung untereinander kann es dazu kommen, dass binnen kürzester Zeit mehrere Vertreter an der Einsatzstelle eintreffen und zeitnah informiert werden möchten. Der Einsatzleiter hat meistens nicht die Zeit dafür. Auch kann es in Ausnahmefällen dazu kommen, dass durch die Medienvertreter das eigentliche Einsatzgeschehen behindert wird. Umso wichtiger ist es, vorab in den Strukturen der Hilfsorganisationen, aber auch in der Anfangsphase des Einsatzes, festzulegen, wie und über wen der Informationsfluss zur Presse erfolgt und was bzw. welche Informationen herausgegeben werden dürfen. Es bietet sich an, vor allem in der Anfangsphase des Einsatzes und falls keine eigenen Strukturen wie z. B. ein S 5 »Presse und Medienarbeit« vorhanden sind, dies an die Polizei zu übertragen.

In den meisten Gebieten sind die Medienvertreter bekannt und es wird ein gutes Verhältnis zu diesen gepflegt, so dass sowohl der Hilfsorganisation als auch dem Medienvertreter die Abläufe bekannt sind. Jedoch kann es vorkommen, dass Medienvertreter auch »aggressiv« im Sinne der Informationsgewinnung auftreten. Daher ist es wichtig, die offene Kommunikation zu suchen und sich nicht zu einer schnellen Aussage verführen zu lassen, wodurch es ggf. zu Falschinterpretationen kommen kann. Zudem sollte den Medienvertretern das Gefühl vermittelt werden, wahrgenommen zu werden. Auch sollte um Verständnis geworben werden, dass zunächst Zeit gebraucht wird, um die Situation einzuschätzen und erst danach Auskünfte gegeben werden können. Wichtig ist zudem sicherzustellen, dass alle Medienvertreter die gleichen Informationen erhalten.

2.4 Möglichkeiten der kommunalen Feuerwehr/ Leistungsgrenze

Statistisch gesehen treten die meisten Unfälle bei kleineren Luftfahrzeugen auf und lassen sich mit den Mitteln der örtlichen Feuerwehr eigenständig abwickeln. Heutzutage sind in der Regel alle Städte und Kommunen mit modernen Gerätschaften zur Technischen Hilfeleistung ausgestattet. Zusätzlich wird über kommunale Alarmpläne geregelt, dass technisches Gerät zeitnah zur Verfügung steht.

Wenn es sich jedoch um einen Unfall mit einem größeren Flugzeug handelt, bei dem sich die Unfallstelle beispielsweise über mehrere Abschnitte erstreckt oder die Menschenrettung sehr umfangreich bzw. aufwändig ist, kommt die kommunale Feuerwehr auch schnell an ihre Grenzen. Damit sind neben den technischen Grenzen der mitgeführten Gerätschaften aber auch vor allem die speziell benötigte Fachkunde gemeint. Gerade bei großen Flugzeugen und militärischen Luftfahrzeugen ist meist ein umfangreiches Know-How erforderlich, um die Gefahren entsprechend einschätzen zu können.

Letztendlich sollte jeder Einsatzleiter in der Lage sein, die Leistungsfähigkeit seiner Feuerwehr beurteilen zu können. Auch sollten überörtliche Alarmpläne sowie die

2 Im Einsatz

Einsatzmöglichkeiten von Spezialkräften wie das THW, Fachberater etc. bekannt sein. Es bietet sich jedoch immer an, bereits auf der Anfahrt oder nach der Ersterkundung eine Hilfe der nächstgelegenen Flughafenfeuerwehr anzufordern. Analog dem TUIS-Prinzip, bieten hier viele Flughäfen ihre Hilfe von der telefonischen Beratung bis hin zur Entsendung von Personal und speziellem Gerät und/oder eines Fachberaters an.

ICAO-Zug:

Flughäfen halten neben einem »normalen Löschzug« spezielle Löschfahrzeuge, Sonderfahrzeuge und technische Gerätschaften vor, welche zum einen bei der Abarbeitung der Schadenlage, aber auch bei der Bergung des Luftfahrzeuges nützlich sein könnten. Diese Sonderform der Löschzüge wird auch als »ICAO-Zug« bezeichnet.

Bild 14a und b: *Flugfeldlöschfahrzeug (FLF) »Z6« von Ziegler (links). Dieses Fahrzeug führt bis zu 14.000 Liter Wasser und 500 kg Pulver mit. Dachmonitor des Ziegler Z6, die Wasserabgabe liegt bei 6.000 Liter/Minute (rechts).*

2.5 Search and Rescue (SAR) für Luftnotfälle

Begründet durch vorgeschriebene internationale Verträge zur Rettung bei Luft- und Seenotfällen wurde durch das Bundesministerium für Verkehr und digitale Infrastruktur die Aufgabe der Luftnotfälle an die Bundeswehr übertragen. Dies geschah im Zuge der Bundeswehrreform im Jahre 2013.

Die primären Aufgaben der SAR sind:
- Suche und Hilfeleistung bei in Not geratenen Luftfahrzeugen (Ortung etc.),
- Rettung von Crew und Passagieren,
- Unterstützung der Deutschen Gesellschaft zur Rettung Schiffbrüchiger bei Seenotfällen,
- Unterstützung der eigenen und verbündeten Streitkräfte.

Auch werden oft sekundär, im Rahmen der Regelrettung oder eines Katastrophenfalles (Abstellung von Hubschraubern an die Bundesländer), der zivile Rettungsdienst unterstützt, insofern keine primären Aufgaben wahrgenommen werden müssen.

Prinzipiell sollten die Hubschrauber der SAR 24 Stunden am Tag und 365 Tage im Jahr einsatzbereit sein mit einer Vorlaufzeit von 15 bis 60 Minuten (abhängig von Tag oder Nacht). Die Bundeswehr hält ein flächendeckendes Netz in Deutschland vor. Die Alarmierung im Falle eines Notfalls erfolgt über die Flugsicherung. Die Koordination und Einsatz von SAR Hubschraubern im Festlandbereich dann über die SAR – Leitstelle in Münster.

2.6 Löschmittel

Die Wahl des richtigen Löschmittels ist, wie bei allen Brandeinsätzen, auch bei brennenden Luftfahrzeugen entscheidend für den Einsatzerfolg. Grundsätzlich sollten beim Einsatz an brennenden Luftfahrzeugen die Löschmittel Schaum, Wasser, Pulver und CO_2 genutzt werden. Bei brennendem Kraftstoff sollte nach Möglichkeit kein Vollstrahl genutzt werden. Weiterhin sollte Netzmittel beigemischt werden. Brennen Luftfahrzeuge oder Teile davon, so ist der Einsatz von Löschschaum zunächst das Mittel der Wahl. Dies gilt vor allem auch bei brennenden Treibstoffen. Die Flughafenfeuerwehren nutzen sogenannte »AFFF«-Schaummittel (Aqueous Film Forming Foam, wasserfilmbildender Schaum), welche besonders für größere Treibstoffbrände geeignet sind, da sie auf der brennenden Flüssigkeit einen Wasserfilm bilden.

Kleinere kommunale Feuerwehren halten in der Regel eher universelle Schaummittel für breite Anwendungsbereiche vor, wie beispielsweise Mehrbereichsschaummittel (MBS). Dieses Schaummittel ist auch für Flüssigkeitsbrände geeignet, bildet allerdings keinen Wasserfilm, weshalb ein Aufreißen der Schaumdecke und ein Wiederentzünden gegenüber dem zuvor genannten AFFF-Schaummittel wahrscheinlicher ist.

Für den Erstangriff kann zunächst auf Wasser zurückgegriffen werden. Auch dann, wenn Teile gekühlt werden müssen oder Anbauteile wie das Fahrwerk brennen, sollte Wasser als Löschmittel gewählt werden. Vorsicht ist jedoch bei brennenden Treibstoffen geboten, hier darf kein Wasser eingesetzt werden, da dies nur zu einer Verteilung des Brandes führt.

Sollte der unwahrscheinliche Fall eintreten, dass ein Innenangriff in einem Verkehrsflugzeug notwendig werden würde, so wäre hier das Löschmittel Wasser zu wählen.

Triebwerkbrände:

Brennt ein Triebwerk, so besteht die besondere Schwierigkeit darin, das Löschmittel von außen in das Triebwerk einzubringen, da die Triebwerke rundherum verkleidet sind. Falls auch Löschschaum nicht den gewünschten Erfolg bringt, sollte versucht werden, das Triebwerk mit CO_2 oder Pulver zu löschen. Eine weitere Möglichkeit ist die Auslösung der im Flugzeug integrierten Triebwerk-Löschanlage (meist Halon) durch den Piloten oder Copiloten.

Fahrwerkbrände bei Verkehrsflugzeugen:

Kommt es zum Brand im Bereich der Reifen oder des Fahrwerks so ist auch hier das Löschmittel Wasser einzusetzen. Besonders zu beachten ist, dass sich der angreifende Trupp dem brennenden Fahrwerk leicht schräg von vorne oder von hinten nähert. Durch die Hitzeeinwirkung können Felgen bersten und die dadurch seitwärts abfliegenden Teile können Einsatzkräfte verletzen.

Die folgende Tabelle soll einen Kurzüberblick über die Effektivität verschiedener Löschmittel bieten. Die Entscheidung, welches Löschmittel letztendlich eingesetzt wird, ist immer individuell nach Lage zu beurteilen.

2.6 Löschmittel

Tabelle 9:

Brandstelle	Löschmittel			
	Schaum	Wasser	Pulver	CO_2
Triebwerk	bedingt geeignet	bedingt geeignet	geeignet	geeignet
Fahrwerk	bedingt geeignet	geeignet	ungeeignet	ungeeignet
Treibstoff	geeignet	ungeeignet	geeignet bei Kleinstmengen	ungeeignet
Rumpf	geeignet	geeignet	ungeeignet	ungeeignet
Bereiche mit Elektrik (Cockpit, Elektroräume etc.)	ungeeignet	bedingt geeignet	geeignet Folgeschäden beachten!	geeignet
Passagierräume	ungeeignet	geeignet	ungeeignet	ungeeignet
Frachträume (je nach Ladung)	bedingt geeignet	bedingt geeignet	bedingt geeignet	bedingt geeignet
Gase (Propan, Butan)	ungeeignet	ungeeignet	geeignet	ungeeignet
Ballonkorb/ Struktur	geeignet	geeignet	ungeeignet	ungeeignet

Legende:

- ✓ (grün) geeignet
- ✓ (orange) bedingt geeignet
- ✗ (rot) ungeeignet

3 Gefahren und Taktik nach Luftfahrzeugtypen

3.1 Gefahren der Einsatzstelle in Bezug auf Unfälle mit Luftfahrzeugen

Bei Flugunfällen ist grundsätzlich, wie bei allen Einsatzszenarien, durch den jeweiligen Einsatzleiter eine Gefährdungsbeurteilung für die eigenen Kräfte (Mannschaft), Betroffene (Mensch und Tier), Umwelt und Sachwerte, nach dem Schema der Gefahrenmatrix durchzuführen. Jeder Einsatzleiter ist für sein Handeln eigenverantwortlich und muss sich selbst ein Bild des Schadenausmaßes, der Gefahren und schlussfolgernd der möglichen Restrisiken machen, um anschließend eine Entscheidung treffen zu können, wie oder auch ob seine Mannschaft überhaupt vorgehen kann. Diese Entscheidung kann von niemanden abgenommen werden und ist immer individuell zu treffen. Die oberste Aufgabe sind die Rettung und Befreiung von Betroffenen (Passagieren) aus lebensbedrohlichen Zwangslagen. Wie bei allen Einsätzen der Feuerwehr geht natürlich die Eigensicherung vor. So kann und ist es durchaus üblich, dass zunächst sichernde Tätigkeiten notwendig werden, um die eigentliche Menschenrettung einleiten zu können. Als Beispiel seien hier die Sicherung des Luftfahrzeuges, Sicherung des Brandschutzes etc. genannt.

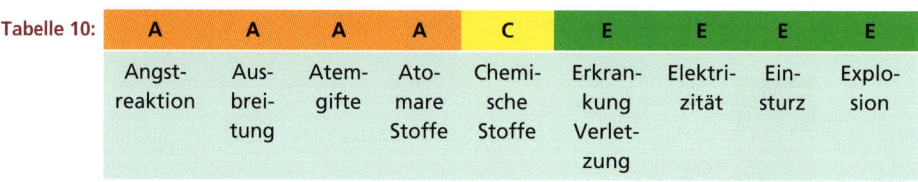

Tabelle 10:

A	A	A	A	C	E	E	E	E
Angstreaktion	Ausbreitung	Atemgifte	Atomare Stoffe	Chemische Stoffe	Erkrankung Verletzung	Elektrizität	Einsturz	Explosion

Bei Unfällen mit Luftfahrzeugen sowie ggf. einem Folgebrand können verschiedene Gefahren an der Einsatzstelle vorkommen (vgl. Tabelle 10). Auf diese möglichen Gefahren wird im Folgenden hingewiesen. Je nach Luftfahrzeugtyp müssen nicht immer alle dieser Gefahren vorhanden sein, es sollten jedoch alle Möglichkeiten bedacht werden bzw. in der Erkundungsphase Berücksichtigung finden.

Als allgemeine Gefahren bei Unfällen mit Luftfahrzeugen wären noch zu erwähnen:

3.1 Gefahren der Einsatzstelle in Bezug auf Unfälle mit Luftfahrzeugen

- laufende, rotierende und sich bewegende An- und Aufbauten (Bsp. Triebwerke, Rotoren) wodurch es beim Annähern der Einsatzkräfte zu einer Gefährdung kommen kann,
- extrem scharfkantige und Spitze Trümmerteile aufgrund der verwendeten Materialien.

3.1.1 Abstände/Gefahren- und Absperrbereiche

Als Sicherheitsabstand bei einem abgestürzten Luftfahrzeug sollte für die nicht unmittelbar am Einsatz beteiligten Kräfte zunächst ein Abstand von 300 Metern (militärische und zivile Flugzeuge) gewählt werden, während der Einsatzleiter mit der Erkundung im Schadengebiet beginnt.

Nach der Erkundung sollte durch den Einsatzleiter der Gefahren- und Absperrbereich (Ordnung des Raumes) individuell angepasst werden. Dies könnte beispielsweise bei einem abgestürzten Segelflugzeug nur wenige Meter betragen. Bei einem Kleinflugzeug mit nicht ausgelöstem Gesamtrettungssystem sollte der Gefahrenbereich wesentlich großzügiger gewählt werden, ca. 100 Meter. Bei Gefahrgut (auch Munition) gelten die nach FWDV 500 festgelegten Bereiche. Prinzipiell sollten nur die zwingend erforderlichen Rettungskräfte in den entsprechenden Bereichen eingesetzt werden (Ordnung des Raumes). Als Hilfestellung für den Einsatzleiter werden im Folgenden typische Gefahren bei Fluggeräten der Gefahrenmatrix zugeordnet:

3.1.2 Angstreaktion

Die Gefahr einer Angst- und Panikreaktion besteht wie bei fast allen Einsatzszenarien. Je nach Einsatzlage muss diese Gefahr entsprechend bewertet werden. Nicht nur die Betroffenen des Unfalls sowie ggf. Augenzeugen können davon betroffen sein, sondern auch Einsatzkräfte. Diese sind in der Regel beim Unfall mit einem Luftfahrzeug einer ungewohnten Situation ausgesetzt, auf die sie nicht vorbereitet wurden. Aufgrund von massiven Kräfteeinwirkung können verheerenden Schadenbilder entstehen.

3 Gefahren und Taktik nach Luftfahrzeugtypen

3.1.3 Ausbreitung

Treibstoffe (Kerosin, AVGAS)
Je nach Größe und Art des Flugzeuges sind große Mengen Treibstoff vorhanden. Diese können auslaufen und massive Umweltschäden bewirken. Ausgelaufene Treibstoffe können sich zudem entzünden.

Brände können sich auf angrenzende Gebäude, Fahrzeuge oder die Umgebung ausbreiten. Auch bedenken sollte man die Gefahr der Ausbreitung eines Brandes auf einen anderen Teil des Luftfahrzeuges, von welchem dann größere Gefahren ausgehen – beispielsweise ein Fahrwerksbrand, der sich auf den Tank ausdehnt. Auch können sich Brand- und Rauchgase bilden, welche sich auf die Umgebung ausbreiten und eine Gefahr für Einsatzkräfte/Anlieger darstellen. Gerade in bewaldeten Gebieten kann es hier zu einer raschen Brandausbreitung kommen.

Hydraulikflüssigkeit/Öl
Bei vielen Luftfahrzeugen wird als Hydraulikflüssigkeit für die Steuereinrichtungen Skydrol verwendet. Prinzipiell ist das Öl im geschlossenen System sicher, sollte es zu einem Austritt kommen, besteht die Gefahr einer Entzündung, wenn das Öl auf heiße Oberflächen trifft. Bei dem Skydrol-Öl gibt es verschiedene Weiterentwicklungen und dadurch verschiedenste Typen, welche in der Luftfahrt eingesetzt werden. Hersteller geben in ihren Sicherheitsdatenblättern (Safety data sheets) unterschiedlichen Werte an. Als Beispiel seien die gängigen genannt:

- Das Skydrol Pe-5 hat einen Flammpunkt von 171°C, Selbstentzündungstemperatur > 420°C.
- Skydrol LD-4 hat einen Flammpunkt von 174°C, Selbstentzündungstemperatur > 400°C.

3.1.4 Atemgifte

Wie in den folgenden Kapiteln ausführlich beschrieben, werden Luftfahrzeuge aus Leicht- und Verbundbaustoffen (Bsp. CFK) gebaut. Außerdem führen manche Luftfahrzeugtypen größere Mengen an Flugtreibstoff und Hydrauliköl mit sich. Kommt es nach einem Unfall zu einem Feuer, werden durch die verbauten Materialien Pyrolyseprodukte und somit Atemgifte freigesetzt, welche giftig sind. Auch kann es vorkommen, dass sich diese Produkte als gasförmige Stoffe z. B. in Vertiefungen sammeln, sofern sie schwerer als Luft sind. Nach einem Unfall besteht immer die Möglichkeit, dass Betriebsstoffe auslaufen vor denen sich die Einsatzkräfte entsprechend zu schützen haben. Prinzipiell sollte davon ausgegangen werden, dass Atemgifte mit erstickender, Reiz- und Ätzwirkung sowie Wirkung auf Blut, Nerven und Zellen vorhanden sein könnten.

3.1.5 Atomare Stoffe

Wie bei Gefahrguttransporten auf der Straße werden ebenfalls Luftfahrzeuge zum Transport von Stückgut (ggf. atomar) eingesetzt. Auch wurden in der Vergangenheit bei einigen Flugzeugtypen, Hubschraubern und Militärmaschinen leicht strahlendes Material in diversen Bauteilen eingesetzt, z. B. bei Vereisungssonden, der Legierung von Triebwerken (Thorium) oder als Leuchtmittel in Instrumenten. Eine mögliche Gefährdung kann daher vorhanden sein.

3.1.6 Chemische Stoffe

Neben den Treibstoffen wie Flugbenzin (AVGAS) oder Kerosin befinden sich noch weitere chemische Stoffe an Bord eines Flugzeuges. Hierzu zählen beispielsweise Hydrauliköle und Schmierstoffe, aber auch Druckgasbehälter mit Sauerstoff oder Stickstoff. Vor allem in der Ballonfahrt wird Propangas als Brennergas verwendet. Als Transportgüter können zudem jede Art von chemischem Stoff verladen sein.

3.1.7 Erkrankung/Verletzung

Beim Absturz eines Luftfahrzeuges ist prinzipiell damit zu rechnen, dass Insassen aus diesem herausgeschleudert werden und im Trümmerfeld liegen. Es kann zu den verschiedensten erheblichen Verletzungen (Polytrauma) bis hin zum Tod kommen. Auch ist es möglich, dass sich Insassen verletzt von der Absturzstelle entfernt haben und herumirren. Je nach Größe des Luftfahrzeuges kann es sich auch um einen Einsatz mit einem Massenanfall von Verletzten (MANV) handeln.

3.1.8 Elektrizität

Kleine Luftfahrzeuge verfügen über ein 14- oder 28V-Bordnetz, von welchem – wie bei Kraftfahrzeugen – keine gesonderte Gefahr ausgeht. Bei Großflugzeugen ist ein 115-V-Wechselspannungsbordnetz verbaut.

Bei bestimmten Einsatzszenarien können Gefahren durch Elektrizität vorhanden sein. Im Bereich von Gleitfallschirmen, Ballonen und Zeppelinen kommt und kam es in der Vergangenheit dazu, dass diese sich vor allem in Freileitungen verfangen haben. Seltener, aber durchaus möglich, ist, dass bei Unfällen mit Flugzeugen oder Hubschraubern elektrische Anlagen betroffen sind bzw. beschädigt werden. Daher ist es wichtig, in der Erkundungsphase auf mögliche Gefahren durch Elektrizität zu achten. Prinzipiell sind durch die Einsatzkräfte die Mindestabstände zur Erkundung und Rettung von Personen, welche aus der DIN VDE 0105-100:2015-10 hervorgehen, einzuhalten.

Tabelle 11:

	Niederspannung	Hochspannung		
Spannung (kV)	< 1	1 bis 110	110 bis 220	220–380
Mindestabstand (m)	1 m	3	4	5

Zu beachten ist immer, dass Freileitungen bedingt durch Wind/Sturm schwingen können. Dies ist bei der Einsatzplanung zu berücksichtigen und die Sicherheitsabstände sind entsprechend zu erweitern. Auch können gewisse Bauteile unter Spannung stehen. Berührt eine unter Spannung stehende Freileitung, bedingt durch eine Beschädigung oder ggf. durch den Erdkontakt des Luftballonkorbes oder sonstiger runterhängender Bauteile, den Boden, so könnte es ggf. zu einem Spannungstrichter kommen. Der Mindestabstand beträgt in diesem Fall immer mindestens 20 m. Muss aufgrund eines Brandes eine Brandbekämpfung eigeleitet werden, so sollte man sich an die Sicherheitsabstände nach der DIN VDE 0132:2018-07 halten. Hierbei kann man sich an der in vielen Feuerwehrschulen vermittelte Merkregel 1 – 5 – 5 – 10 zum Einsatz eines C-Rohres orientieren.

3.1 Gefahren der Einsatzstelle in Bezug auf Unfälle mit Luftfahrzeugen

Tabelle 12:

	Niederspannung (< 1 kV)	Hochspannung (1 bis 380 kV)
Sprühstrahl	1 m	5 m
Vollstrahl	5 m	10 m

Bei Einsatz eines B-Strahlrohres sollten die Abstände bei Sprühstrahl um mindestens fünf Meter und bei Vollstrahl um mindestens zehn Meter erhöht werden.

3.1.9 Einsturz/Absturz

Es besteht immer die Möglichkeit, dass sich nach einem Absturz noch instabile Teile des Luftfahrzeuges lösen können und herabfallen. Wichtig ist auch die Sicherung des Luftfahrzeuges selbst gegen Wegrutschen. Des Weiteren könnte das Luftfahrzeug auch Gebäude oder andere Anlagen (bspw. Strommasten, Windenergieanlagen etc.) getroffen oder touchiert haben, sodass auch von dort noch Gefahren durch Ein- oder Absturz bestehen könnten.

3.1.10 Explosion

Aufgrund von mitgeführtem Kraftstoff (Kerosin) und dem verbundenen Austritt nach einem Unfall kann nicht ausgeschlossen werden, dass sich im ungünstigsten Fall ggf. in Senken explosionsfähige Atmosphären bilden können, falls der Stoff schwerer als Luft ist.

Weiter können Explosionsgefahren ausgehen von:
- Schleudersitzen, Haubennotabwurf (Canopy Jettison),
- Munition/militärische Beladung,
- Gesamtrettungssystemen,
- Ladung, Fracht,
- Reifen/Felgen,
- mit Wasserstoff befüllte Gasballons,
- Druckgasflaschenzerknall bzw. Sauerstoffsystemen.

3 Gefahren und Taktik nach Luftfahrzeugtypen

3.2 Allgemeine Gefahren

3.2.1 Triebwerke, Propeller und Rotoren

Bei den Triebwerken lassen sich grundsätzlich zwei verschiedene Typen unterscheiden, Turbostrahltriebwerke und Wellenleistungstriebwerke.

Turbostrahltriebwerke (turbojet, turbofan, propfan) werden heutzutage zumeist in Passagier- und Kampfflugzeugen eingesetzt. **Wellenleistungstriebwerke** hingegen werden meist in Propellerflugzeugen (turboprop) und Hubschraubern (turboshaft) sowie in den in Flugzeugen verbauten Auxiliary Power Units (APU) eingesetzt. Die APU hat den Zweck, Strom und ggf. Druckluft zu erzeugen. Die Funktionsweise soll an dieser Stelle in absolut verkürzter Form dargestellt werden.

Bei Turbostrahltriebwerken wird an der Vorderseite Luft angesogen und mittels mehrerer Verdichterräder komprimiert. Dann wird in der Brennkammer zusammen mit Kerosin ein brennbares Gemisch erzeugt und gezündet. Anschließend wird in der nachfolgenden Turbine ein Abgasstrahl generiert, welcher für Schub sorgt.

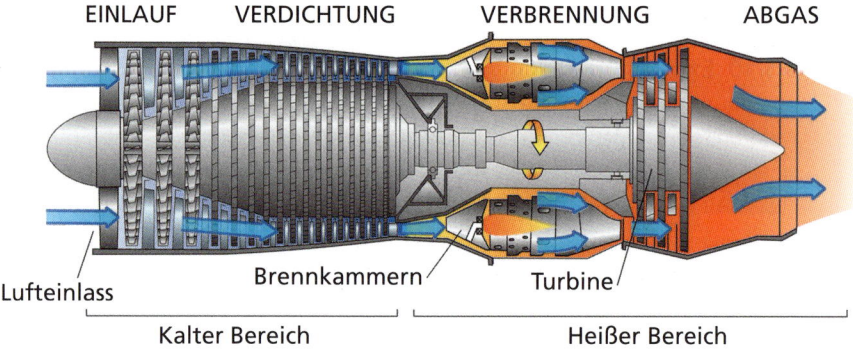

Bild 15: *Funktionsweise eines Turbinentriebwerkes (Bild: Jeff Dahl)*

Wellenleistungstriebwerke funktionieren prinzipiell ähnlich, erzeugen jedoch keinen schnellen Abgasstrahl, sondern treiben über eine oder mehrere Wellen einen Propeller oder einen Rotor an. Von laufenden Triebwerken gehen gleichermaßen viele Gefahren aus: Sog auf der Vorderseite (Ansaugzone, Jet Intake). Für die Schuberzeugung wird eine große Menge Luft benötigt. Daher entsteht an der Vorderseite und an beiden Seiten eines Triebwerks mitunter ein großer Sog. Der

3.2 Allgemeine Gefahren

Bereich der Triebwerke wird auch »Ansaugzone« genannt und ist mittels roter Markierungen an den Triebwerken gekennzeichnet. Auf den Seiten der Triebwerksverkleidung ist auch meistens die sogenannte »Hazard Area« des Triebwerkes mittels eines Gefahrenaufklebers gekennzeichnet. Hierbei wird ein gefährlicher Radius vor dem Triebwerk in Metern angegeben. Dieser beträgt in der Regel zwischen fünf und zehn Metern, ist jedoch vom jeweiligen Triebwerkstyp abhängig. Hinzu kommt oftmals die Beschriftung »Warning: Stand clear of hazard areas while engine is running«, also die Warnung, die Gefahrenbereiche bei laufendem Triebwerk freizuhalten.

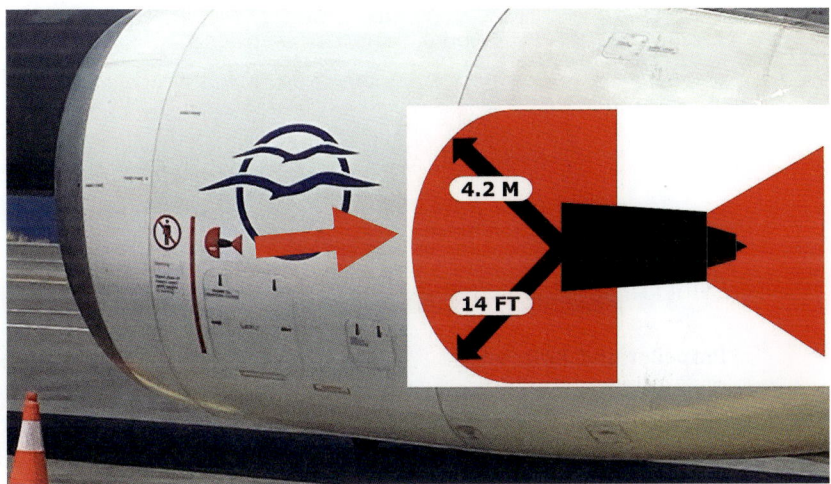

Bild 16: *Beispiel einer Gefahrenkennzeichnung auf einem Triebwerk. Die roten Bereiche geben hierbei die Gefahrenbereiche vor und hinter dem Triebwerk an.*

Es finden sich zahlreiche Berichte darüber, dass Gegenstände und Personen bereits in laufende Triebwerke eingesogen wurden.

Auf der Rückseite der Triebwerke entsteht eine Abgasdruckwelle, welche je nach eingestelltem Schub Kräfte entwickeln kann, die ausreichen, um komplette Fahrzeuge wegzudrücken oder sogar umzuwerfen. Das Triebwerk eines Airbus A 320 beispielsweise schafft einen Trockenschub von rund 118 KN, also fast zwölf Tonnen. Im Leerlauf beträgt die Temperatur zehn Meter hinter einem laufenden Triebwerk ca. 60°C und die Geschwindigkeit des Abgasstrahls ca. 110 km/h.

3 Gefahren und Taktik nach Luftfahrzeugtypen

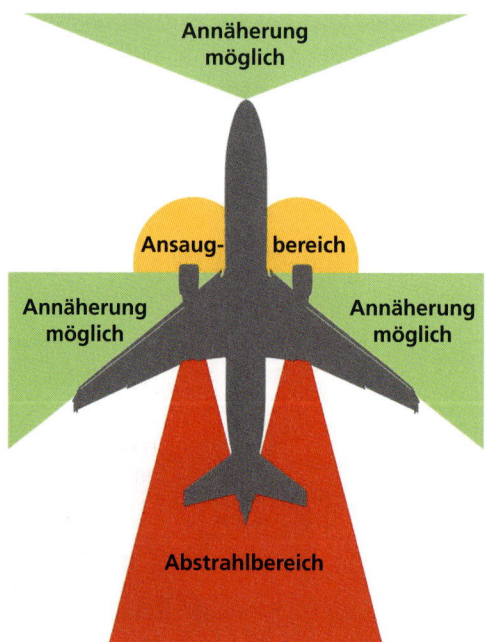

Bild 17: *Schematische Darstellung der Gefahrenbereiche durch die Triebwerke eines Verkehrsflugzeuges: grün = mögliche Annäherungswege; gelb = Gefahr durch Ansaugzone; rot = Gefahr durch Abstrahlzone Abgasdruckwelle Rückseite (Abstrahlzone, Jet Blast):*

Propeller und Rotoren:

Die besondere Gefahr von Propellern, beispielsweise an Kleinflugzeugen, und Rotoren an Hubschraubern liegt darin, dass Sie in laufendem Zustand schnell übersehen werden können. Daher gilt: Bei laufenden Triebwerken, Propellern und Rotoren ist dringend ein ausreichender Abstand vor und hinter den Triebwerken einzuhalten! Achten Sie insbesondere auf die roten Gefahrenkennzeichnungen an den Triebwerksein- und -auslässen! Bei militärischen Maschinen sind die Triebwerkseinlässe meist mit dem Hinweis »Danger! Jet Intake« und die Triebwerksauslässe mit dem Hinweis »Danger! Jet Blast« gekennzeichnet. Auch finden sich hier oftmals rote Linien am Flugzeug zur Kennzeichnung von Gefahrenzonen. Weiteres hierzu in Kapitel 2.2 »Spezielle Erkundung und Gefahren bei militärischen Fluggeräten«.

3.2.2 Treibstoff

So wie es verschiedene Typen von Flugzeugen gibt, gibt es auch verschiedene Typen von Kraftstoffen, um diese Flugzeuge anzutreiben. Flugzeuge, die über einen

3.2 Allgemeine Gefahren

Verbrennungsmotor wie im Kraftfahrzeug verfügen, werden mit anderem Kraftstoff betrieben, als turbinengetriebene Flugzeuge.

Im Wesentlichen lassen sich die folgenden Flugkraftstoffe unterscheiden:
- Diesel,
- MoGas (Motor Gasoline),
- AvGas (Aviation Gasoline),
- Kerosin.

Alternative Antriebe im Flugverkehr:
Die zuvor erwähnten Flugkraftstoffe werden derzeit am häufigsten in der Luftfahrt verwendet. Alternative Antriebe, wie Elektromotoren, wurden bislang nur als Hilfsantriebe verwendet. Jedoch gibt es seit wenigen Jahren auch schon Kleinflugzeuge, welche über ein rein elektrisches Antriebssystem verfügen. Beispielhaft sei die Pipistrel Velis Electro genannt, welche seit 2020 als erstes rein elektrisches Kleinflugzeug eine Typzulassung der Europäischen Agentur für Flugsicherheit (EASA) erhalten hatte. Es ist davon auszugehen, dass auch der Markt der »e-Flugzeuge« in den kommenden Jahren wachsen könnte.

Diesel
Bei dem in Flugzeugen verwendeten Diesel handelt es sich in dem meisten Fällen um die gleichen Sorten, wie sie bei Kraftfahrzeugen verwendet wird. Die UN-Nummer lautet 1202, die Gefahrnummer ist mit 30 (Entzündbarkeit von flüssigen Stoffen (Dämpfen) und Gasen oder selbsterhitzungsfähiger flüssiger Stoff) angegeben. Der Flammpunkt liegt zwischen 23°C und 60°C. Bei ausgetretenem Diesel ist umluftunabhängiger Atemschutz zu tragen und mittels Messgeräten zu überprüfen, ob eine explosionsfähige Atmosphäre entstanden ist. Brennender Diesel soll mit Schaum oder Pulver gelöscht werden und danach mit Schaum abgedeckt werden. Hier gilt, nicht mit Wasser löschen.

MoGas (Motor Gasoline)
Hierbei handelt es sich um Super Plus Benzin mit 98 Oktan für Sportflugzeuge, Ultraleichtflugzeuge und kleine Privatflugzeuge. Die Bezeichnung MoGas wird dann verwendet, wenn dieses Benzin in Flugzeugen verwendet wird. Viele Flugzeugmotoren können sowohl MoGas als auch AvGas tanken. Da MoGas jedoch wesentlich günstiger und besser verfügbar ist, wird dieser Kraftstoff – sofern technisch möglich – oft bevorzugt. Er wird, wie AvGas auch, unter der UN-Nummer 1203 geführt. Der Gefrierpunkt von MoGas liegt etwa bei –45°C und der Flammpunkt bei –20°C.

3 Gefahren und Taktik nach Luftfahrzeugtypen

AvGas (Aviation Gasoline)

Im Unterschied zu MoGas wird in vielen kleineren Flugzeugtypen auch noch der Kraftstoff AvGas (Aviation Gasoline, Flugbenzin) verwendet. AvGas hat eine höhere Oktanzahl und bietet den Vorteil, dass es in größeren Flughöhen verwendet werden kann, da der Gefrierpunkt bei −58°C liegt.

Der Hauptunterschied zu MoGas besteht darin, dass AvGas oftmals noch Blei enthält. AvGas gibt es in verschiedenen Sorten je nach Oktangehalt, beispielsweise seien folgende Sorten genannt: AvGas 80, AvGas UL 82 (unleaded, bleifrei), AvGas 91 und AvGas 100 LL (low lead, bleiarm), welches heutzutage fast ausschließlich verwendet wird. Ältere Motoren, gerade die von Flugzeugen aus den 1930–1960er Jahren benötigen eine sehr hohe Oktanzahl von über 100. Hierfür gibt es die mit speziellen Zusätzen versehenen Varianten AvGas 108 und AvGas 115.

Dem Grunde nach ist austretendes AvGas wie Benzin zu behandeln und wird auch unter der UN-Nummer 1203 geführt. Wichtig ist, bei ausgetretenem AvGas umluftunabhängigen Atemschutz zu tragen und mittels Messgeräten zu überprüfen, ob ggfs. eine explosionsfähige Atmosphäre entstanden ist. Brennendes AvGas soll mit Schaum oder Pulver gelöscht werden und danach mit Schaum abgedeckt werden, nicht mit Wasser löschen.

Bild 18: *Rumpftank eines Motorseglers vom Typ Scheibe SF 25 (Bild: Flugsportclub Wiesbaden »Maikäfer« e. V.)*

3.2 Allgemeine Gefahren

Kerosin

Flugzeuge, die mit Turbinen oder Strahltriebwerken angetrieben werden, benötigen hierfür den Kraftstoff Kerosin.

Vorsicht:

Im Deutschen bedeutet Kerosin immer Flugturbinenkraftstoff, das englische »kerosene« bezeichnet hingegen das, was im Deutschen Petroleum ist.

Viele messen dem Kerosin vom Gefühl her eine besondere Gefahr zu. Doch dem Grunde nach ist Kerosin ein leichtes Petroleum mit dem Unterschied, dass ihm verschiedene Additive hinzugefügt wurden, wie unter anderem Antistatikmittel, Korrosionsschutzmittel und Vereisungsschutzmittel. Ohne die Gefährlichkeit des Stoffes verharmlosen zu wollen, so ist Kerosin aber nicht wesentlich gefährlicher als Benzin. Vergleicht man den geringeren Flammpunkt von Kerosin (zwischen 23°C und 60°C, je nach Sorte) mit dem des Benzins (kleiner 23°C), könnte man fast sogar zur Auffassung gelangen, Kerosin sei etwas weniger gefährlich als Benzin. Die besondere Gefahr von Kerosin besteht jedoch auch vor allem darin, dass es in Verkehrsflugzeugen in sehr großen Mengen mitgeführt wird. So verfügt ein vollgetankter Airbus A 320 über knapp 27.000 Liter Kerosin, ein Airbus A 380 sogar über rund 320.000 Liter!

Kerosin wird auch als Düsenkraftstoff bezeichnet und unter der UN-Nummer 1863 (Düsentreibstoff) oder 1223 (Kerosin) geführt. Wichtig ist auch hier, bei ausgetretenem Kerosin mittels Messgeräten zu überprüfen, ob eine explosionsfähige Atmosphäre entstanden ist. Brennendes Kerosin soll mit Schaum oder Pulver gelöscht werden und danach mit Schaum abgedeckt werden, nicht mit Wasser löschen.

Kerosin wird in verschiedenen Sorten genutzt, welche sich vor allem im Flammpunkt und dem Gefrierpunkt unterscheiden. Die heutzutage gängigsten Sorten sind »Jet A1« in der Zivilluftfahrt und »JP 8« (Jet Propellant) in der Militärluftfahrt. Da JP 8 auf Jet A1 aufbaut sind Flamm- und Gefrierpunkt identisch, jedoch wurde JP 8 mit zusätzlichen Additiven (Frostschutz, Schmiermittel usw.) versetzt.

3 Gefahren und Taktik nach Luftfahrzeugtypen

Tabelle 13: *Die wichtigsten Stoffeigenschaften im Überblick*

	MoGas	AvGas 100LL	Kerosin (Jet A1)	Diesel
UN-Nummer	1203	1203	1863 (alt: 1223)	1202
Gefahrnummer	33	33	30	30
ERI-Card Nr.	3-11	3-11	3-05	3-05
Farbe	hellgelb	blau	farblos	hellgelb
Flammpunkt	−20°C	−40°C	> 38°C	>55°C
Gefrierpunkt	−45 °C	−58°C	−47°C	−20°C
Selbstentzündungstemperatur	300°C	300°C	230°C	220°C
Untere Explosionsgrenze	0,6 Vol.-%	1,4 Vol.-%	1,2 Vol.-%	0,6 Vol.-%
Obere Explosionsgrenze	8,7 Vol.-%	8,7 Vol.-%	8,8 Vol.-%	6,5 Vol.-%

Zusammengefasst gelten bei allen Treibstoffen die folgenden Gefahrenhinweise und Einsatzmaßnahmen (nach jeweiligen ERI-Cards) gleichermaßen:

Gefahren

- Die Hitzeeinwirkung auf Behälter führt zu Druckanstieg mit Berstgefahr und nachfolgender Explosion.
- Entwickelt giftige und reizende Dämpfe bei starker Erwärmung oder Brand.
- Kann bei erhöhten Umgebungstemperaturen mit Luft explosionsfähige Gemische bilden.
- Die Dämpfe können unsichtbar sein und sind schwerer als Luft. Sie breiten sich am Boden aus und können in Kanalisation und Kellerräume eindringen.

Persönlicher Schutz

- Umluftunabhängiger Atemschutz tragen.
- Chemikalienbeständige Kleidung bei Kontaminationsgefahr anlegen.
- Unter dem Schutzanzug gegebenenfalls Feuerschutzkleidung nach EN 469 tragen.

3.2 Allgemeine Gefahren

Einsatz-Maßnahmen:
- Allgemeine Maßnahmen:
  - Mit dem Wind vorgehen.
  - Nicht rauchen, Zündquellen ausschließen.
  - Nur Benzin: Gefahr für die Öffentlichkeit! Personen in der Nähe auffordern, in Gebäuden zu bleiben, Fenster und Türen zu schließen und Klimaanlagen abzustellen. Evakuierung von Personen erwägen.
  - Zahl der Einsatzkräfte im Gefahrenbereich beschränken.
- Maßnahmen bei Stoffaustritt:
  - Lecks wenn möglich schließen.
  - Ausgetretenes Produkt mit allen verfügbaren Mitteln auffangen.
  - Auf explosionsfähige Atmosphäre überprüfen.
  - Keine funkenreißenden Werkzeuge verwenden. Explosionsgeschützte Ausrüstung einsetzen.
  - Flüssigkeit mit geeigneten Materialien oder auch Sand und Erde aufnehmen oder mit Schaum abdecken.
  - Falls der Stoff in offenes Gewässer oder Kanalisation gelangt, zuständige Behörde informieren.
  - Falls keine Gefahren für Einsatzkräfte oder die Öffentlichkeit entstehen, Kanalisation und Kellerräume belüften.
- Maßnahmen bei Feuer (falls Stoff betroffen):
  - Behälter mit Wasser kühlen.
  - Mit Schaum oder Pulver löschen, danach mit Schaum abdecken.
  - Nicht mit Wasser löschen.
  - Brandgase wenn möglich mit Sprühstrahl niederschlagen.
  - Aus Umweltschutzgründen Löschmittel zurückhalten.

3.2.3 Hydrauliköl

Zur Steuerung von Luftfahrzeugen wird Hydrauliköl verwendet. Die Bezeichnung für speziell in der Luftfahrt verwendetes Hydrauliköl lautet »Skydrol«. Skydrol ist gesundheitsschädlich, reizend und umweltgefährlich. Es kann sich spontan entzünden, wenn es Temperaturen zwischen 420°C und 520°C (je nach Typ) erreicht, man spricht hier auch von der sogenannten »Autoignition Temperature (AIT)«.

3   Gefahren und Taktik nach Luftfahrzeugtypen

Wegen des verzögerten Vergiftungseffektes müssen Personen, die Dämpfe oder die bei einem Brand entwickelten Rauchgase eingeatmet haben, mindestens 48 Stunden ärztlich überwacht werden.

Im Brandfall bildet sich dichter, schwarzer Rauch, der gefährliche Zersetzungsprodukte enthält. Durch thermische Zersetzung können toxische und ätzende Gase/Dämpfe freigesetzt werden. Skydrol enthält folgende Zersetzungsprodukte: Kohlenstoffdioxid, Stickoxide. Erhitzen führt zu Druckerhöhung und Berstgefahr. Der Container kann unter der Hitze des Feuers explodieren. Skydrol ist schädlich für Wasserorganismen, mit langfristiger Wirkung. Ein Auslaufen kann die Wasserwege vergiften. Mit Schaum, Löschpulver, Kohlendioxid (CO_2) löschen. Weitere Vorsicht ist im Umgang mit Hydraulikleitungen geboten, da diese unter Drücken von rund 300 bar stehen!

3.2.4 Gesamtrettungssysteme

Einige moderne Flugzeuge verfügen über ein sogenanntes »Gesamtrettungssystem« (ballistic recovery system, BRS). Dies betrifft aktuell einmotorige Leichtflugzeuge und Segelflugzeuge. Zudem ist für Ultraleichtflugzeuge nach § 3 Abs. 2 der Betriebsordnung für Luftfahrtgerät (LuftBO) der Einbau eines Gesamtrettungssystems sogar vorgeschrieben.

Gesamtrettungssysteme dienen dazu, das Überleben der Insassen in lebensbedrohlichen Notsituationen zu sichern. Dies können beispielsweise technische Defekte, Strukturversagen, Zusammenstöße, Kontrollverlust oder Ausfall des Piloten sein. Bei Auslösung des BRS wird ein Fallschirm mittels einer Rakete aus dem Flugzeug abgeschossen, an welchem das gesamte Flugzeug dann gebremst zu Boden sinkt. Der Einbauort kann je nach Flugzeugmodell deutlich variieren. Auch die Ausstoßrichtung des Raketentreibsatzes ist nicht einheitlich festgelegt und kann daher in alle Richtungen – außer in Flugrichtung – erfolgen. Wird ein Flugzeug mit solch einem System gerettet, geht in der Regel keine weitere Gefahr mehr von der Raketentreibladung aus. Gefährlich – gerade für die Einsatzkräfte – wird es dann, wenn das System nicht ausgelöst hat. Denn eine unkontrollierte Auslösung kann schwere bis tödliche Verletzungen verursachen.

Aus diesem Grund ist bereits bei der Erkundung frühzeitig sicherzustellen, ob ein Gesamtrettungssystem im Flugzeug verbaut ist. Die Landesfeuerwehrschule Baden-Württemberg empfiehlt, beim Unfall eines kleinen Flugzeuges, bei dem kein großer, geöffneter Fallschirm zu erkennen ist, von einem nicht ausgelösten Gesamtrettungssystem auszugehen. Auch gibt es weitere Hinweise, wie beispielsweise die Kenn-

3.2 Allgemeine Gefahren

zeichnung durch Warnaufkleber (nicht einheitlich geregelt) oder das Luftfahrzeugkennzeichen D-M xxx, die für ein vorhandenes Gesamtrettungssystem sprechen. Sofern möglich, sollte der Pilot nach dem Vorhandensein des Systems befragt werden.

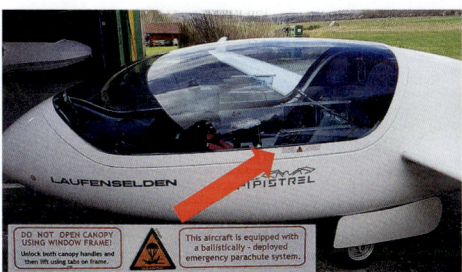 

Bild 19 a und b: *Warnhinweis zu vorhandenem Gesamtrettungssystem einer Pipistrel Taurus an der Cockpitkanzel (links); Warnhinweis der Ausstoßöffnung des Gesamtrettungssystems (rechts) (Bilder: Flugsportclub Wiesbaden »Maikäfer« e. V.)*

Das System wird mittels eines Zugdrahtes ausgelöst, welcher vom Cockpit aus bedient wird. Gerade beim Einsatz von hydraulischem Gerät oder auch bei der Durchführung von lebensrettenden Sofortmaßnahmen kann es zu einer ungewollten Auslösung kommen, da der Zugdraht durch den Absturz möglicherweise vorgespannt ist.

Möglichst wie folgt vorgehen:
- Fahrzeugaufstellung daher zunächst mit mindestens 50 m Abstand einhalten.
- Annäherung an Flugzeug von schräg vorne beginnen.
- Nach der Erkundung sollte frühzeitig unter allen Einsatzkräften das Vorhandensein eines Gesamtrettungssystems kommuniziert werden!
- Anschließend ist der Gefahrenbereich vom Einbauort des Raketentreibsatzes in Ausstoßrichtung abzusperren.
- Nun ist die Sicherung des Gesamtrettungssystems zu gewährleisten. Dies lässt sich am einfachsten durch das Kappen des Zugdrahtes sicherstellen. Wenn möglich, den Draht direkt am Raketentreibsatz kappen, da dies die ungewollte Auslösung am besten verhindert. Ist dies nicht möglich, kann das Zugseil auch im Cockpit gekappt werden. Hier ist dann aber weiterhin besondere Vorsicht geboten, da das System auch noch mit dem Rest des vorhandenen Drahtes ausgelöst werden kann.

3 Gefahren und Taktik nach Luftfahrzeugtypen

Bild 20: *Auslösegriff eines Gesamtrettungssystems zwischen den Kopfstützen im Cockpit. Je nach Flugzeugmodell kann sich der Griff auch an einer anderen Stelle im Cockpit befinden (Bild: Flugsportclub Wiesbaden »Maikäfer« e. V.).*

Falls das System ausgelöst hat und ein großer geöffneter Fallschirm an der Einsatzstelle festgestellt wird, sollte daran gedacht werden, dass dieser mit dem Flugzeug verbunden ist und bei einer Windböe dieses evtl. bewegen kann. Es empfiehlt sich daher, den Fallschirm zu beschweren. Informationen zu militärischen Rettungssystemen (Schleudersitz) finden Sie in Kapitel 3.3 »Spezielle Erkundung und Gefahren bei militärischen Fluggeräten«.

3.2.5 Fahrwerk und Reifen

Bei Starts und Landungen sind die Fahrwerke und Reifen einer hohen Belastung ausgesetzt. Aufgrund dessen sind diese Teile entsprechend konstruiert und der Reifendruck kann bis zu 15 bar betragen. Gerade beim Abbremsen von Verkehrsflugzeugen erreichen die Reifen schnell hohe Temperaturen, sodass auch der Innendruck des Reifens steigt. Da Reifen in der Vergangenheit oftmals mit Luft gefüllt waren, konnte eine Überhitzung zum Reifenplatzen führen. Dies könnte dazu führen, dass umherfliegende Teile Triebwerke oder Benzintanks beschädigen. Bei modernen Verkehrsflugzeugen werden die Reifen jedoch mit Stickstoff gefüllt, um

3.2 Allgemeine Gefahren

dieses Risiko zu minimieren. Zudem sind Reifen mit einem Entlüftungssystem ausgestattet, welches beim Erreichen einer bestimmten Hitze Druck ablässt.

Bei kleinen Flugzeugen sind die Reifen mit Luft gefüllt und die Reifendrücke belaufen sich in der Regel auf kleiner 5 bar. Daher ist hier von keiner speziellen Gefährdung auszugehen, wie dies beispielsweise auch bei Verkehrsunfällen der Fall ist. Beim Brand eines Fahrwerkes ist zu beachten, dass Felgen bersten und Teile umhergeschleudert werden können. Der vorgehende Trupp sollte sich daher von leicht schräg vorne oder hinten nähern, nicht von den Seiten des Fahrwerkes.

3.2.6 Elektrische Gefahren

Kleine Flugzeuge und Helikopter sind mit einem 14 V- oder 28 V-Gleichspannungsbordnetz (DC) ausgestattet. Wie bei Fahrzeugen auch, geht hier vom Bordnetz selbst in der Regel keine größere Gefahr aus. Bei Großflugzeugen ist das Bordnetz jedoch auf 115 V/400 Hz Wechselspannung ausgelegt. Die Stromerzeugung findet primär mittels, von Flugzeugen selbst angetriebenen, Drehstromgeneratoren statt. Zusätzlich gibt es zur autarken Stromerzeugung noch ein Hilfstriebwerk (Auxiliary Power Unit, APU). Beim Einsatz von Wasser sind die Mindestabstände nach DIN VDE 0132:2018-07 zu beachten! (5 bar/Sprühstrahl – 1 Meter/Vollstrahl – 5 Meter).

Obwohl bei Flugzeugbränden das Löschmittel der Wahl der Einsatz von Schaum ist, kann dies bei freigelegtem und in Betrieb befindlichem 115 V-Bordnetz problematisch sein bzw. eine zusätzliche Gefahr darstellen.

3.2.7 Radarsysteme

In modernen Passagierflugzeugen und auch Militärflugzeugen sind Radarsysteme eingebaut, das sogenannte Bordradar. Das Wort »Radar« ist dabei die Abkürzung für »radio detecting and ranging«, also »Funkortung und -abstandsmessung«. Vereinfacht dargestellt wird vom Radargerät eine elektromagnetische Welle ausgesandt und anschließend das empfangene Echo ausgewertet. So können Entfernungen, Winkel und Bewegungen zu anderen Flugobjekten – oder beim Wetterradar zu Schlechtwetterfronten – bestimmt werden.

Das sogenannte Radom ist meist in der Nase des Flugzeuges verbaut. Radargeräte verwenden unterschiedliche Sendeleistungen, so beträgt die Pulsleistung des Radargerätes des Eurofighter Typhoon beispielsweise rund 9 KW.

3 Gefahren und Taktik nach Luftfahrzeugtypen

Da von außen nicht erkennbar ist, ob das Bordradar ein- oder ausgeschaltet ist, wird empfohlen, dass Einsatzkräfte sich nicht länger als nötig vor der Flugzeugnase aufhalten. Bei Militärflugzeugen sollte sich grundsätzlich nicht vor dem Flugzeug aufgehalten oder von dort angenähert werden, wenn der Sicherungszustand der Bordwaffen nicht geklärt ist.

3.3 Spezielle Erkundung und Gefahren bei militärischen Fluggeräten

Im vorangegangenen Kapitel wurden die allgemeinen Gefahren von Luftfahrzeugen angesprochen. Wenn man nun von militärischen Fluggeräten und deren speziellen Gefahren spricht, sind nicht immer nur ausschließlich Kampfflugzeuge, Kampfhelikopter, Bomber, Jagdbomber und dergleichen gemeint. Viele militärisch genutzte Flugzeuge und Hubschrauber sind mit zivilen Maschinen identisch und dienen beispielsweise zu Transport-, Ausbildungs- oder Rettungszwecken. Jedoch gibt es meistens selbst dort Besonderheiten, denn auch diese militärischen Maschinen können zumindest über Täuschkörpersysteme verfügen.

Im folgenden Kapitel wollen wir zunächst an spezielle Gefahren heranführen, die bei militärischen Maschinen – je nach Typ – auftreten können.

3.3.1 Triebwerke

Zur Funktionsweise von Triebwerken wird auf das vorangegangene Kapitel verwiesen. Wie bei zivilen Maschinen auch, sind in militärischen Fluggeräten leistungsstarke Triebwerke verbaut. Auch wenn man aufgrund des sogenannten Nachbrenners bei Kampfflugzeugen zu der Auffassung gelangen könnte, dass beispielsweise die Triebwerke eines Eurofighter wesentlich leistungsstärker sind als die eines Airbus A-320, so stimmt dies nur bedingt. Während jedes Triebwerk des Eurofighter mit Nachbrenner bis zu 103 Kilonewton (KN) an Schubkraft aufbringt, so schafft ein Triebwerk des A-320 bis zu 118 KN. Der wesentliche Unterschied liegt jedoch im Gewicht, müssen beide Triebwerke des Eurofighter lediglich eine Leermasse von rund 11 t bewegen, so sind es beim A-320 rund das Vierfache.

Auch bei den militärischen Maschinen gibt es Gefahrenzonen, die sich rund um die Triebwerke befinden. Im Ansaugbereich der Triebwerke entsteht im laufenden

3.3 Spezielle Erkundung und Gefahren bei militärischen Fluggeräten

Betrieb ein enormer Sog, welcher ausreicht, um Gegenstände und Personen in den Ansaugschacht zu saugen. Dieser Ansaugbereich kann – je nach Lage der Triebwerke – unterhalb oder seitlich des Rumpfes liegen. Im hinteren Bereich der Triebwerke entsteht durch den Abgasstrahl eine große Hitze und Druckwelle.

Bild 21: *Darstellung des Ansaug- und Abstrahlbereiches eines Panavia Tornado*

An der oberen Abbildung kann man im hinteren Bereich des Triebwerkes eine vertikale rote Linie sehen. Diese Linie weist auf den Gefahrenbereich durch das Triebwerk hin (rechts von der Linie angefangen). An den Triebwerkseinlässen wird auf den Gefahrenbereich meist mittels der Kennzeichnung »Danger! Jet Intake« hingewiesen. An den Auslässen lautet die Gefahrenbezeichnung »Danger! Jet Blast«. Auch bei militärischen Maschinen gibt es Flugzeugtypen mit Propellertriebwerken, hier wird auf das vorangegangene Kapitel verwiesen.

3.3.2 Selbstrettungssysteme

Haubennotabwurf (canopy jettison)
Sind militärische Flugzeuge mit einem Schleudersitz ausgestattet, so ist es vor dem Auslösen desselben notwendig, dass die Cockpithaube entfernt wird. Ältere Flugzeugtypen verfügen hierzu über Sprengschnüre, welche in das Glas der Haube eingearbeitet sind. Wird der Schleudersitz ausgelöst, so detonieren zunächst die Sprengschnüre und lassen das Haubenglas zerbersten, damit der Pilot anschließend samt Sitz hinauskatapultiert werden kann. Die Sprengschnüre sind auf der Oberseite der Haube zu erkennen.

Bei neueren Flugzeugmustern wird nicht das Glas zum Zerbersten gebracht, sondern gleich die gesamte Haube abgeworfen. Hierbei wird die Haube zumeist nach oben und hinten abgesprengt, um Platz für den Ausstieg per Schleudersitz zu machen. Der Haubennotabwurf ist an den Seiten des Flugzeuges unterhalb des Cockpits gekennzeichnet mit »RETTUNG – RESCUE – SAUVETAGE – SALVATAGGIO« und meist dem Zusatz »canopy jettison«.

Bei vielen Flugzeugtypen ist der Haubennotabwurf auch von außen auslösbar. An den entsprechend gekennzeichneten Stellen befindet sich eine Glasscheibe, welchen eingeschlagen werden muss. Dahinter ist ein (meist gelb-schwarzer) Griff an einem ca. drei Meter langem Seil. Die Scheibe wird eingeschlagen, man entfernt sich mitsamt dem Griff über die volle Seillänge vom Flugzeug, wendet den Blick vom Flugzeug ab und zieht kräftig am Seil. Anschließend wird das Kabinendach abgesprengt.

Bild 22: *Der Haubennotabwurf (canopy jettison) an einem Eurofighter Typhoon dient zum Absprengen des Kabinendaches. Im dargestellten Bild muss zunächst eine Scheibe eingeschlagen werden, dann ein Auslösegriff an einer drei Meter langen Leine gezogen werden (Bild: Luftfahrtamt der Bundeswehr).*

Schleudersitz

Schleudersitze dienen der Rettung der Besatzung im Gefahrenfall. Der Schleudersitz katapultiert sich dabei mitsamt Insassen aus dem Luftfahrzeug. Eingebaute Raketen-Treibsätze entfernen den Schleudersitz vom Flugzeug, anschließend wird der Pilot vom Rettungssystem getrennt und sinkt an einem Fallschirm zu Boden. Der Schleu-

3.3 Spezielle Erkundung und Gefahren bei militärischen Fluggeräten

dersitz selbst stürzt ab. Die meisten Schleudersitze katapultieren sich nach oben aus dem Flugzeug; einige wenige katapultieren sich nach unten hinaus.

Bild 23: *Warnhinweis zum Vorhandensein eines Schleudersitzes*

Ein Schleudersitz besteht aus dem Sitz, einer Sprengeinrichtung, einem Raketenantrieb, evtl. einem Stabilisierungssystem, einem Fallschirm, einer Sauerstoffversorgung für große Höhen und einer Überlebensausrüstung. Heutige Systeme funktionieren auch dann, wenn sich das Flugzeug noch am Boden befindet. Diese werden auch zero-zero-Sitze genannt, was bedeutet, dass Sie auch bei null Geschwindigkeit und null Flughöhe funktionieren.

Wird aufgrund eines Notfalls der Ausstieg aus dem Flugzeug mit dem Schleudersitz notwendig laufen typischerweise verkürzt die folgenden Schritte ab:

1. Pilot oder Copilot aktivieren den Schleudersitz durch Ziehen des gelb-schwarzen Auslösegriffes.
2. Die Kabinenhaube wird entfernt. Dies kann durch Sprengschnüre erfolgen, welche das Glas zerbersten oder durch den kompletten Abwurf der Haube. Bei einigen älteren Schleudersitzsystemen ist der Sitz so konstruiert, dass er das Kabinendach durchstößt.
3. Der Pilotensitz wird durch die Schleudersitzkanone (ein Teleskoprohr mit pyrotechnischer Zündung) aus dem Flugzeug ausgestoßen.
4. Anschließend wird ein Raketenpack unter dem Sitz gezündet, welcher die Aufgabe hat, den Sitz auf eine sichere Entfernung vom Flugzeug zu bringen. Sitzen Pilot und Copilot hintereinander, wird zuerst der hintere Sitz gezündet, dann der vordere. Gleichzeitig wird ein Notfunksender aktiviert.
5. Weitere Stabilisierungsraketen an den Seiten werden gezündet, um eine Rotation des Sitzes samt Piloten zu verhindern.

6. Im weiteren Verlauf wird der Fallschirm ausgelöst und der Pilot vom Sitz getrennt. Der Sitz fällt anschließend ungebremst zu Boden.

All diese Schritte dauern nur rund drei Sekunden.

> **Achtung:**
>
> **NIEMALS** den schwarz-gelb gestreiften Auslösegriff im Cockpit anfassen. Dieser kann sich zwischen den Beinen des Piloten oder auch an der Oberseite des Schleudersitzes befinden. Der Griff löst den Schleudersitz aus!

Atemmaske

Piloten und Copiloten sind zur Flugfähigkeit in großen Höhen mit Atemmasken ausgestattet, welche ggf. mit dem Helm verbunden sind. Bei Erstmaßnahmen an den Piloten sind die Masken immer abzunehmen, da sonst Erstickungsgefahr besteht! Falls die Abnahme der Maske unklar ist, die Bebänderung durchschneiden.

Sicherheitsgurte und Armrückholgurte

Die Piloten sind mit Mehrpunktgurten im Sitz fixiert. Diese führen alle zu einem Gurtzentralschloss in welche die Gurte eingeklickt werden. Das Gurtschloss (in Hüfthöhe) lässt sich durch Drücken und Drehen öffnen. Zusätzlich gibt es sogenannte »Armrückholgurte« welche beim Ausstieg per Schleudersitz ein unkontrolliertes Umherschlagen der Arme verhindern sollen. Diese werden auch mit dem Öffnen des Zentralschlosses gelöst.

> **Wichtig:**
>
> Ist das Öffnen der Gurte unklar, die Gurte zerschneiden.

3.3.3 Zusatztanks

Um die Reichweite des Flugzeuges zu erhöhen, führen Kampfflugzeuge oftmals Zusatztanks mit, welche an den Tragflächen oder am Rumpf befestigt werden. Die Zusatztanks des Eurofighter Typhoon haben beispielsweise ein Fassungsvermögen von rund 1.000 Liter je Tank. Bei drei Zusatztanks, die mitgeführt werden können, ergibt dies eine zusätzliche Beladung von rund 3.000 Liter Kerosin. Zusatzbeladung, wie bspw. Zusatztanks und Bomben, werden an sogenannten Ejector Release Units (ERU) befestigt. Diese dienen dazu, die Lasten abwerfen zu können. Es gibt ERU in

3.3 Spezielle Erkundung und Gefahren bei militärischen Fluggeräten

verschiedenen Bauformen, in der Regel sind diese mit kleinen Sprengpatronen ausgestattet welche Gasdruck erzeugen, um die Haltebacken auseinander zu drücken. Daher gilt auch hier besondere Vorsicht beim Annähern! Auf dieses Symbol achten: »DANGER ERU!«

3.3.4 Hydrazin

Beim Flugzeugmuster General Dynamics F-16 gibt es im Unterschied zu anderen Kampfflugzeugen eine Besonderheit: Die Notstromeinheit (Emergency Power Unit, EPU) wird mit Hydrazin betrieben, die F-16 führt insgesamt 26 Liter Hydrazin mit. Der Hydrazintank befindet sich im oberen Teil des Rumpfes über dem rechten Flügel.

Bild 24: *Lage des Hydrazintanks bei einer F-16 (Bild: Markus Lischka)*

Hydrazin ist eine farblose, ölige Flüssigkeit. Der Stoff riecht ähnlich wie Ammoniak und raucht beim Kontakt mit Luft. Hydrazin verbrennt mit einer kaum sichtbaren Flamme. Von dem Stoff gehen akute oder chronische Gesundheitsgefahren aus, zudem ist Hydrazin stark gewässergefährdend. Zwar besitzt die Bundeswehr keine Maschinen vom Typ F-16, jedoch sind einige Jets der US Air Force in Deutschland (aktuell Spangdahlem) stationiert. Hinzu kommt, dass einige Nachbarländer, wie beispielsweise Belgien, die Niederlande und Dänemark den Flugzeugtyp einsetzen.

3.3.5 Bordwaffen und Munition

Bei einer Bordwaffe handelt es sich im üblichen Sinne um Maschinengewehre oder -kanonen, die mit dem Fluggerät verbunden sind oder aufgesetzt werden können. Schwenkbare Bordwaffen, beispielsweise angebracht an den Außentüren diverser Hubschraubermuster, werden meist von einem oder mehreren Bordschützen (Doorgunner) bedient. Starre Bordwaffen werden vom Piloten oder dem Waffensystemoffizier (WSO) ausgelöst. In deutschen Kampfflugzeugen vom Typ Panavia Tornado oder Eurofighter ist die Bordkanone Mauser »BK-27« verbaut. Ihre Schussfrequenz (Kadenz) liegt bei 1.700 Schuss pro Minute. Der Panavia Tornado führt 180 Schuss gegurteter Munition mit, der Eurofighter 150 Schuss.

Gefahren für Einsatzkräfte oder Anwesende der Einsatzstelle können durch das ungewollte Auslösen der Bordwaffen entstehen. Bei fest verbauten Bordwaffen ist die Wirkrichtung in Flugrichtung. Daher niemals dem Flugzeug von vorne nähern, wenn der Sicherungszustand unklar ist. Wird Bordwaffenmunition gefunden, ist der Fundort entsprechend abzusperren. Die Munition darf auf keinen Fall berührt werden. Dies gilt auch für Übungsmunition. Diese ist in der Farbe »lichtblau« gekennzeichnet und/oder mit dem Zusatz »Üb« oder »Übung« versehen. Auch diese Munition enthält Explosivstoffe und ist wie »scharfe« Munition zu behandeln.

Bild 25: *Blaue Übungsmunition für die 27mm-Bordkanone des Panavia Tornado (Bild: Luftfahrtamt der Bundeswehr)*

3.3 Spezielle Erkundung und Gefahren bei militärischen Fluggeräten

3.3.6 Täuschkörper

Die meisten militärischen Luftfahrzeuge sind mit Täuschkörpern bzw. Scheinzielen ausgerüstet. Hierbei handelt es sich um ausstoßbare Verlustkörper, welche dazu dienen, anfliegende Raketen vom eigenen Fluggerät abzulenken und stattdessen auf den Täuschkörper zu ziehen.

Bild 26: *Abwurf von Infrarot-Täuschkörpern (flares) (Bild: Markus Lischka)*

Die Täuschkörper sind in Werfereinrichtungen im oder am Rumpf des Fluggerätes befestigt. Im Wesentlichen lassen sich zwei Arten von Täuschkörpern unterscheiden: Infrarot-Täuschkörper (flares) und Radar-Täuschkörper (Düppel, chaff). Bei den **Infrarot-Täuschkörpern** handelt es sich dem Prinzip nach um Magnesium-Fackeln, welche brennend ausgestoßen werden. Diese brennen mit rund 1.800°C und haben die Aufgabe, Infrarot-Raketen, welche sich an den Hitzesignaturen der Triebwerke orientieren, abzulenken.

3 Gefahren und Taktik nach Luftfahrzeugtypen

Bild 27: *Infrarot-Täuschkörper (flares) (Bild: Luftfahrtamt der Bundeswehr)*

Die **Radar-Täuschkörper** dienen dazu, Lenkflugkörper welche Radarziele anfliegen, abzulenken. Hierbei handelt es sich um metallbedampfte Kunstfaserstreifen, die hinter dem Flugzeug ausgestoßen werden und reflektieren die Radarstrahlung. Dies soll letztendlich die anfliegende Rakete ablenken.

Bild 28: *Radar-Täuschkörper (chaff) (Bild: Luftfahrtamt der Bundeswehr)*

Problematisch für Rettungskräfte können die Werfereinrichtungen am Fluggerät werden. Hier sind Explosivstoffe verbaut, welche die Täuschkörper ausstoßen. Zudem geht von den IR-Täuschkörpern (flares) aufgrund der Abbrandtemperatur und auch der mitgeführten Stückzahl eine Gefahr aus.

3.3 Spezielle Erkundung und Gefahren bei militärischen Fluggeräten

3.3.7 Lenkflugkörper und ungelenkte Raketen

Bei Lenkflugkörpern handelt es sich um Raketen mit Sprengkopf, welche zumeist ein Zielerfassungssystem haben und ihr Ziel verfolgen können. Auch gibt es ungelenkte Raketen, welche aus Werfern in Flugrichtung gezündet werden. Man unterscheidet mehrere Kategorien von Raketen:

Luft-Luft Raketen werden von Fluggeräten aus abgeschossen und dienen dazu, andere Fluggeräte zu zerstören. Im Gefechtskopf werden mehrere Kilogramm Sprengstoff mitgeführt. Beispielsweise bei der »AIM9-X Sidewinder« sind 6 kg Tritonal (80 % TNT und 20 % gekörntes Aluminium) verbaut. Der Flugkörper »IRIS-T« der Bundeswehr führt eine 11,4 kg schwere Splitterladung mit.

Luft-Boden Raketen werden von Fluggeräten aus abgeschossen und dienen der Zerstörung von Bodenzielen. Da diese häufig stärker gepanzert sind, ist auch die mitgeführte Menge an Sprengstoff größer. Beispielsweise enthält die AGM65 »Maverick« (zur Panzerbekämpfung) je nach Typ 57 bis 136 kg Sprengstoff.

Luft-Boden Marschflugkörper werden ebenfalls von Flugzeugen aus abgeschossen und sollen große Distanzen zurücklegen können und dort Bodenziele bekämpfen. Oftmals werden diese Marschflugkörper gegen Bunkeranlagen (sog. »Bunker Buster«) eingesetzt. Der Marschflugkörper »Taurus« der Bundeswehr enthält 113 kg Sprengstoff.

Wie bei den Bordwaffen auch, können Gefahren durch das ungewollte Auslösen der Raketen entstehen, deren Wirkrichtung grundsätzlich in Flugrichtung ist. Daher niemals dem Flugzeug von vorne nähern, wenn der Sicherungszustand unklar ist. Werden Lenkflugkörper gefunden, ist der Fundort entsprechend abzusperren. Die Rakete darf auf keinen Fall berührt werden. Dies gilt auch für Übungsraketen. Diese sind in der Farbe »lichtblau« gekennzeichnet und/oder mit dem Zusatz »Üb« oder »Übung« versehen. Auch diese enthalten Explosivstoffe und sind wie »scharfe« Lenkflugkörper zu behandeln.

3.3.8 Bomben

Bomben lassen sich ähnlich wie Raketen in gelenkte und ungelenkte Bomben unterscheiden. Die Vorgehensweise und die Gefahren sind gleich. Jedoch ist festzuhalten, dass die Menge des Sprengstoffes noch einmal wesentlich größer ist als bei Raketen. Die Bundeswehr setzt beispielsweise GBU-24 Paveway III Bomben ein, die bis zu 427 kg Sprengstoff enthalten können.

3 Gefahren und Taktik nach Luftfahrzeugtypen

Bei einem Bombenfund muss der Fundort abgesperrt und die Bombe darf nicht berührt werden. Im Brandfall ist analog zur o. g. Vorgehensweise der Gefahrenbereich und Absperrbereich festzulegen. Bomben gibt es ebenfalls als Übungsvarianten, die in der Farbe »lichtblau« gekennzeichnet und/oder mit dem Zusatz »Üb« oder »Übung« versehen sind. Auch hier gilt: Da Explosivstoffe vorhanden sind, ist die Übungsbombe wie eine Gefechtsvariante zu behandeln.

Bild 29: *Beispiele für Freifallbomben, links blaue Übungsmunition (Bild: Luftfahrtamt der Bundeswehr)*

Munition und Sprengkörper sind in der Feuerwehr-Dienstvorschrift 500 »Einheiten im ABC-Einsatz« der Maßnahmengruppe 1 zuzuordnen. Diese Maßnahmengruppe ist nach ADR wiederum in mehrere Untergruppen gegliedert:

Tabelle 14:	Gefahrenklasse	Beschreibung	Hauptgefahr	Gefahrenbereich	Absperrbereich
	1.1	Gefahrstoff ist massenexplosionsfähig (gesamte Ladung kann auf einmal explodieren) *Beispiele: Bomben, Lenkflugkörper etc.*	Druck	500 m	1.000 m
	1.2	Gefahrstoff bildet bei der Explosion Splitter und Wurfstücke (ist jedoch nicht massenexplosionsfähig) *Beispiel: Handgranaten*	Splitter	500 m	1.000 m
	1.3	Gefahrstoff bildet bei der Explosion ein Massenfeuer mit beträchtlicher Strahlungswärme (bildet jedoch keine Splitter)	Feuer	500 m	1.000 m

3.4 Spezielle Erkundung und Gefahren bei Segelflugzeugen

Tabelle 14: (Fortsetzung)

Gefahren-klasse	Beschreibung	Haupt-gefahr	Gefahren-bereich	Absperr-bereich
1.4	Gefahrstoff mit geringer Explosionsgefahr, welche auch auf das Versandstück beschränkt bleibt		100 m	50 m
1.5	Sehr unempfindliche massenexplosionsfähige Stoffe		500 m	1.000 m
1.6	Extrem unempfindliche nicht massenexplosionsfähige Stoffe		500 m	1.000 m

Im Brandfall ist der zuvor beschriebene Gefahrenbereich zu räumen und ein Absperrbereich festzulegen. Wenn die Lage vor Ort unklar ist und nicht mit hundertprozentiger Sicherheit festgestellt werden kann, dass keine Bewaffnung vorhanden ist, ist sich dem abgestürzten Kampfflugzeug nicht zu nähern. Zunächst ist mit dem militärischen Fachpersonal Rücksprache zu halten, um eine Eigengefährdung der Einsatzkräfte auszuschließen.

Literaturtipp:
Eine sehr gut bebilderte und übersichtliche Darstellung zu den Fluggeräten der Bundeswehr inkl. der verbauten Rettungsmechanismen bietet die vom General Flugsicherheit der Bundeswehr herausgegebene »Hilfe bei Flugunfällen«.

3.4 Spezielle Erkundung und Gefahren bei Segelflugzeugen

3.4.1 Allgemeines

In Deutschland werden Segelflugzeuge luftrechtlich in eine Luftfahrtklasse eingestuft und dürfen bis max. 850 Kilogramm wiegen. In jedem Jahr kommt es zu Unfällen mit Segelflugzeugen. Die Bundesstelle für Flugunfälle (BFU) veröffentlicht seit 1998 jährlich eine anonymisierte Statistik zu Unfällen und Störungen beim Betrieb ziviler Luftfahrzeuge. Aus dieser Statistik geht hervor, dass es jährlich zu rund 60 Unfallereignissen kommt, bei derzeit 7150 (Stand 2020) zugelassenen Segelflugzeugen.

3 Gefahren und Taktik nach Luftfahrzeugtypen

Bei den Untersuchungen zeigte sich, dass sich mehr als 50 % der Unfälle während der Betriebsphase des Landeanfluges und der Landung ereigneten.

3.4.2 Aufbau eines Segelflugzeuges

Segelflugzeuge bestehen im Grunde aus Rumpf, Tragfläche und Leitwerk. Die Fluggeräte sind so konzipiert, dass der Luftmasse möglichst wenig Widerstand geboten und dabei ein möglichst hoher Auftrieb erzeugt wird. Um das Gewicht so gering wie möglich zu halten, ist die Grundstruktur innen hohl. Das Segelflugzeug bietet in der Regel Platz für eins bis zwei Personen. Glatte Oberflächen und zur Hälfte im Rumpf versenkte Räder sorgen für eine optimierte Aerodynamik. Bei den meisten Segelflugzeugen besteht der Aufbau aus Faser-Kunststoff-Verbunden. Segelflugzeuge müssen stabil gebaut sein, so dass auch eine Außenlandung, etwa auf Äckern, abgeernteten Getreidefeldern oder Wiesen standgehalten werden kann und dabei dem Piloten bestmöglichen Schutz bietet.

Bild 30: *Beispiel für die Verriegelung des Cockpits bei einem Ultraleichtflugzeug. Der nach obenstehende Entriegelungshebel ist von außen gut sichtbar. Über das Schiebefenster in der Cockpithaube können Rettungskräfte auch von außen die Kanzel entriegeln (Bild: Flugsportclub Wiesbaden »Maikäfer« e. V.).*

3.4 Spezielle Erkundung und Gefahren bei Segelflugzeugen

3.4.3 Erkundung und Gefahren

Flugunfälle sind eine spezielle Herausforderung für Einsatzkräfte, bzw. ein nicht alltägliches Ereignis. Wie auch bei Verkehrsunfällen wirken große Kräfte auf das Verkehrsmittel, welche zur Verformung führen. Analog den taktischen Grundsätzen und Gefahren bei Verkehrsunfällen steht vor allem die Eigensicherung im Fokus und es gilt, die Einsatzstelle zu sichern. Es empfiehlt sich, einen Gefahrenbereich von 50 Metern einzurichten sowie einen zweifach-Brandschutz sicherzustellen. In den Gefahrenbereich sollte sich nur das absolut notwendige Personal sowie notwendige Fahrzeuge begeben (Ordnung des Raumes). Eine Annäherung an das Segelflugzeug sollte schräg von vorne erfolgen und falls möglich mit Blickkontakt zum Piloten. Bei der Erkundung ist vor allem auf ein nicht ausgelöstes Rettungssystem zu achten bzw. falls die Insassen noch ansprechbar sind, kann man diese hiernach befragen. Über die mögliche Gefahr eines vorhandenen Rettungssystems sind die Einsatzkräfte entsprechend zu informieren. Weiter sollte auch auf das Luftfahrzeugkennzeichen geachtet werden und dieses an Leitstelle und Polizei übermittelt werden. Durch das Luftkennzeichen kann ggf. ein Rückschluss auf das Vorhandensein eines Rettungssystems gezogen werden. Sollte sich bei der Erkundung herausstellen, dass bei dem Segelflugzeug ein nicht ausgelöstes Rettungssystem vorhanden ist, muss der Gefahrenbereich (bedingt durch Einbauort und Ausstoßrichtung) unmittelbar gekennzeichnet werden. Auch muss der Aufenthalt von Personen in diesem Bereich unterbunden werden.

3.4.4 Einsatztaktik

Nachdem die Gefahren erkannt wurden, kann mit den Rettungsmaßnahmen begonnen werden. Prinzipiell gilt analog zu einem Verkehrsunfall, Erkunden, Sichern, Retten! Bei einem Unfall mit Folgebrand ist zuerst die Brandbekämpfung einzuleiten.

Vorbereitung

- Es empfiehlt sich immer, wenn nichts anderes bekannt ist, mindestens einen Gefahrenbereich von 50 Metern, sowie einen Absperrbereich von 100 Metern einzurichten. Im Gefahrenbereich selbst sollten sich nur Einsatzkräfte mit einem Auftrag aufhalten.
- Bereitstellungsraum/Haltepunkt für nachfolgende Kräfte festlegen, vor allem wenn der Zugang zur Einsatzstelle nicht ersichtlich ist.

3 Gefahren und Taktik nach Luftfahrzeugtypen

Am Luftfahrzeug
- Das Ausmaß des Schadens bzw. das Schadengebiet ist zu erkunden, ggf. könnten Wrackteile oder auch Insassen mehrere hundert Meter weit von der eigentlichen Absturzstelle liegen.
- Erkundung des Flugzeugkennzeichens, hierüber lassen sich weitere Informationen einholen.
- Einem Flugzeug sollte sich immer »leicht schräg« von vorne angenähert werden.
- Nach Möglichkeit achten Sie darauf, Blickkontakt zum Piloten oder einem Insassen herzustellen.
- Mindestens ein zweifach-Brandschutz sollte immer sichergestellt werden.
- Achten Sie auf sich bewegende Teile und laufende Triebwerke/Motoren.
- Achten Sie auf auslaufende Betriebsstoffe.
- Achten Sie auf scharfe Kanten.
- Denken Sie an die Sicherung des Flugzeuges bspw. gegen Wegrutschen.
- Bei einem Blick in das Cockpit Hauptschalter auf »AUS« oder »OFF« stellen.
- Analog der Einsatztaktik bei einem Verkehrsunfall mit eingeklemmter Person unterscheidet man zwischen schneller (zeitkontrollierter) Rettung und Sofortrettung, eine Abstimmung mit dem alarmierten medizinischen Personal sollte immer erfolgen.

Besondere Gefahren
- Achten Sie frühzeitig auf Gesamtrettungssysteme (ein An- oder Aufbauteil bestehend aus einem Fallschirm, einer Startrakete und einem Zündmechanismus, meist in Form eines Seilzugsystems) und darauf, ob dieses ausgelöst hat oder nicht (sichtbarer Fallschirm)! Rückschlüsse auf das Vorhandensein eines Rettungssystems ergeben sich durch:
    - das Luftfahrtkennzeichen,
    - mögliche Warnaufkleber (diese sind meist zu finden am Einbauort des Raketenmotors)
    - Einbauten im Cockpit des Flugzeuges (Auslöseeinrichtung)
    - Befragen des Piloten (wenn möglich).
- Bei Einsatzstellen, in denen bei dieser Art Flugzeug kein teilweise oder ganz geöffneter Fallschirm zu sehen ist, sollte davon ausgegangen werden, dass das Gesamtrettungssystem nicht ausgelöst hat. Es sollte durch die Einsatzkräfte der Gefahrenbereich in die mögliche Ausstoß-

3.4 Spezielle Erkundung und Gefahren bei Segelflugzeugen

- richtung entsprechend gekennzeichnet werden und sichergestellt werden, dass sich keine Einsatzkräfte darin aufhalten.
- Der Auslösemechanismus (Seilzugsystem) des Gesamtrettungssystems ist sehr oft durch ein Zugseil realisiert. Ggf. besteht die Möglichkeit dieses am Gesamtrettungssystem oder dem Auslösegriff zu trennen. Das ausgelöste Gesamtrettungssystem kann ebenfalls eine Gefahr darstellen, wenn z. B. der Fallschirm durch starke Winde einen Auftrieb erhält. Im schlechtesten Fall könnte das Flugzeug erneut bewegt bzw. mitgezogen werden.
- Achten Sie auf Airbags, es gibt Flugzeugtypen mit im Innenraum verbauten Airbags (meist in das Gurtsystem integriert).

Brand

- Sollte ein Brandereignis mit dem Flugzeugabsturz einhergehen, so sollte unmittelbar die Brandbekämpfung zur Menschenrettung eingeleitet werden. Eine Auslösung des Rettungssystems im Brandfall wird als eher gering eingestuft. Sobald der Brand gelöscht ist, sollte jedoch wie zuvor beschrieben verfahren werden.
- Bei Brand von Flugzeugen oder Teilen unbedingt umluftunabhängigen Atemschutz tragen! Brennen Teile aus kohlenstofffaserverstärktem Kunststoff, sollte die benutzte Einsatzkleidung zudem separiert und gewaschen werden.

Sonstiges

Beim möglichen und notwendigen Einsatz von technischem Gerät zur Befreiung von eventuell eingeklemmten Personen sollte aufgrund der Verbundwerkstoffe, Kunststoffe etc. immer ein Atemschutz (mind. FFP2 Staubmaske) wegen des entstehenden Feinpartikelstaubes getragen werden. Aus Erfahrungsberichten geht hervor, dass das hydraulische Rettungsgerät nicht immer das »Mittel der Wahl« ist. Vor allem wurde positiv von Säbelsägen oder auch vom Einsatz einer Twin Saw berichtet. Wie bereits schon zuvor erwähnt, gilt immer zu beachten, dass sich die eingesetzten Trupps nicht im Auslösebereich des Gesamtrettungssystems befinden. Bei der Schaffung von Öffnungen ist der Verlauf von Leitungen und Kabeln zu beachten.

3 Gefahren und Taktik nach Luftfahrzeugtypen

Wichtig:

Durch die Rettungskräfte werden nur die unbedingt notwendigen Maßnahmen eingeleitet, die der Rettung von Menschenleben dienen bzw. die Ausbreitung eines Brandes unterbinden. Sämtliche Maßnahmen sind nach Möglichkeit zu dokumentieren. Alles Weitere ist dann nach Eintreffen der zuständigen Ermittlungsbehörde mit dieser abzustimmen.

Bild 31: *Absturz eines Segelflugzeuges in einen bewaldeten Hang. Die Sicherung des Wracks gegen Wegrutschen kann hier eine besondere Herausforderung darstellen (Bild: BFU).*

3.5 Spezielle Erkundung und Gefahren bei Ein- und Mehrmotorigen Kleinflugzeugen (Lfz-Kl. E – I, < 5,7 t)

3.5.1 Allgemein

Zur Vereinfachung und besseren Übersicht werden hier die Flugzeuge der Luftfahrtklassen E-I, also motorgetriebene Flugzeuge unter 5,7 Tonnen, Motorsegler und Ultraleichtflugzeuge zusammengefasst behandelt. Zusammengenommen kommen diese Kategorien auf die meisten Flugzeugzulassungen in Deutschland, nämlich rund 11.100 also etwa die Hälfte der Gesamtzulassungen (vgl. Statistik zu Verkehrszulassungen, Luftfahrtbundesamt 2022). Laut Flugunfallstatistik ereigneten sich im Jahr 2020 insgesamt 77 Unfälle mit Flugzeugen der erwähnten Kategorien.

Die darunterfallenden Flugzeuge werden meist für private Flüge und bestimmte gewerbliche Zwecke genutzt. Darunter fallen zum Beispiel Single- und Multi-Engine-Flugzeuge (Bspw. von Piper, Cessna etc.) mit Turboprop und kolbenmotorgetriebenen Maschinen. Die Anzahl der Passagiere variiert in diesem Fall. Die Cessna 208, welche als einmotorige Turboprop gelistet ist, kann bis zu 14 Passagieren mitführen. Man muss davon ausgehen, dass bei einem Unfall mit solch einer Maschine meist mehr Personen als nur der Pilot vorhanden sind.

3.5.2 Aufbau

Die Luftfahrzeuge dieser Luftfahrzeugklasse werden aus Verbundwerkstoffen kombiniert mit Leichtmetallen hergestellt. Die verbauten Materialien im Flugzeuginnern sind in der Regel schwer entflammbar. Die Längenausdehnung der in dieser Kategorie gelisteten Flugzeuge sind größtenteils größer als 20 Meter und die Spannweite größer als 15 Meter. Die Reichweite dieser Luftfahrzeugklasse ist verschieden und kann bis zu 2.000 Kilometer oder auch mehr betragen. Demzufolge ist auch das mitgeführte Flugbenzin nicht bestimmbar bzw. immer bei jedem der gelisteten Flugzeugtypen individuell. Das Fassungsvolumen von kleinen Flugzeugen, am Beispiel einer Cessna 182, liegt bei rund 230 Litern und kann bis zu vier Personen über eine Reichweite von 1.700 Kilometer befördern. Im Vergleich zu einem größeren Model, die Cessna 208 welche knapp 1.200 Liter Flugbenzin mit sich führt. Manche dieser Luftfahrzeuge können über ein Gesamtrettungssystem verfügen. Genauere Angaben kann man ggf. vom Flugzeugkennzeichen in Erfahrung bringen.

3.5.3 Gefahren und Einsatztaktik

Prinzipiell gilt analog einem Verkehrsunfall: Erkunden, Sichern, Retten! Bei einem Unfall mit Folgebrand ist zuerst die Brandbekämpfung einzuleiten.

Vorbereitung
- Es empfiehlt sich immer, wenn nichts anderes bekannt ist, mindestens einen Gefahrenbereich von 50 m sowie einen Absperrbereich von 100 m einzurichten. Im Gefahrenbereich selbst sollten sich nur Einsatzkräfte mit einem Auftrag aufhalten
- Bereitstellungsraum/Haltepunkt für nachfolgende Kräfte festlegen, vor allem wenn der Zugang zur Einsatzstelle nicht ersichtlich ist.

Am Luftfahrzeug
- Das Ausmaß des Schadens bzw. Das Schadengebiet ist zu erkunden, ggf. könnten Wrackteile oder auch Insassen mehrere hundert Meter weit von der eigentlichen Absturzstelle liegen.
- Erkundung des Flugzeugkennzeichens, hierüber lassen sich weitere Informationen einholen.
- Einem Flugzeug sollte sich immer »leicht schräg« von vorne angenähert werden.
- Nach Möglichkeit achten Sie darauf, Blickkontakt zum Piloten oder einem Insassen herzustellen.
- Mindestens ein zweifach-Brandschutz sollte immer sichergestellt werden.
- Achten Sie auf sich bewegende Teile und laufende Triebwerke/Motoren.
- Achten Sie auf auslaufende Betriebsstoffe.
- Achten Sie auf scharfe Kanten.
- Denken Sie an die Sicherung des Flugzeuges bspw. gegen Wegrutschen.
- Bei einem Blick in das Cockpit
    - Brandhahn (Kraftstoffschalter) auf »AUS« oder »OFF« stellen.
    - Hauptschalter auf »AUS« oder »OFF« stellen.
- Analog der Einsatztaktik bei einem Verkehrsunfall mit eingeklemmter Person unterscheidet man zwischen schneller (zeitkontrollierter) Rettung und Sofortrettung, eine Abstimmung mit dem alarmierten medizinischen Personal sollte immer erfolgen.

3.5 Erkundung und Gefahren bei Kleinflugzeugen

Bild 32: *Absturz einer Pilatus PC-9/B in Folge eines Vogelschlages im Jahre 2012. Das Trümmerfeld erstreckt sich auf ca. 130 Meter (Bild: BFU).*

Besondere Gefahren

Die Flugzeuge in dieser Kategorie können über ein Gesamtrettungssystem verfügen. Ultraleichtflugzeuge hingegen müssen mit solch einem Gesamtrettungssystem ausgerüstet sein. Ultraleichtflugzeuge erkennt man am Flugzeugkennzeichen »D-M XXX«. Achten Sie daher frühzeitig auf Gesamtrettungssysteme (ein An- oder Aufbauteil bestehend aus einem Fallschirm, einer Startrakete und einem Zündmechanismus, meist in Form eines Seilzugsystems) und darauf, ob dieses ausgelöst hat oder nicht (sichtbarer Fallschirm)! Rückschlüsse auf das Vorhandensein eines Rettungssystems ergeben sich durch:

- das Luftfahrtkennzeichen,
- mögliche Warnaufkleber (diese sind meist zu finden am Einbauort des Raketenmotors),
- Einbauten im Cockpit des Flugzeuges (Auslöseeinrichtung),
- Befragen des Piloten (wenn möglich).

Bei Einsatzstellen, in denen bei dieser Art Flugzeug kein ganz oder zumindest teilweise geöffneter Fallschirm zu sehen ist, sollte davon ausgegangen werden, dass das Gesamtrettungssystem nicht ausgelöst hat. Es sollte durch die Einsatzkräfte der Gefahrenbereich in die mögliche Ausstoßrichtung entsprechend gekennzeichnet werden und sichergestellt werden, dass sich keine Einsatzkräfte darin aufhalten.

Der Auslösemechanismus (Seilzugsystem) des Gesamtrettungssystems ist sehr oft durch ein Zugseil realisiert. Ggf. besteht die Möglichkeit, dieses am Gesamtrettungssystem oder dem Auslösegriff zu trennen. Das ausgelöste Gesamtrettungssystem kann ebenfalls eine Gefahr darstellen, wenn z. B. der Fallschirm durch starke Winde einen Auftrieb erhält. Im schlechtesten Fall könnte das Flugzeug erneut bewegt bzw. mitgezogen werden.

Sollte ein Brandereignis mit dem Flugzeug einhergehen, so sollte unmittelbar die Brandbekämpfung zur Menschenrettung eingeleitet werden. Eine Auslösung des Rettungssystems im Brandfall wird als eher gering eingestuft. Sobald der Brand gelöscht ist, sollte jedoch wie zuvor beschrieben verfahren werden. Achten Sie auf Airbags, es gibt Flugzeugtypen mit im Innenraum verbauten Airbags (meist in das Gurtsystem integriert).

Brand

Bei einem Brand von Flugzeugen aus Kohlenstofffaserverstärktem Kunststoff muss umluftunabhängiger Atemschutz getragen werden! Benutzte Einsatzkleidung separieren und waschen.

Sonstiges

Beim möglichen und notwendigen Einsatz von technischem Gerät zur Befreiung von eventuell eingeklemmten Personen sollte aufgrund der Verbundwerkstoffe, Kunststoffe etc. immer ein Atemschutz (mind. FFP2 Staubmaske) wegen des entstehenden Feinpartikelstaubes getragen werden. Aus Erfahrungsberichten geht hervor, dass das hydraulische Rettungsgerät nicht immer das »Mittel der Wahl« ist. Vor allem wurde positiv von Säbelsägen oder auch vom Einsatz einer Twin Saw berichtet. Wie bereits schon zuvor erwähnt, gilt immer zu beachten, dass sich die eingesetzten Trupps nicht im Auslösebereich des Gesamtrettungssystems befinden. Bei der Schaffung von Öffnungen ist der Verlauf von Leitungen und Kabeln zu beachten.

Wichtig:
Durch die Rettungskräfte werden nur die unbedingt notwendigen Maßnahmen eingeleitet, die der Rettung von Menschenleben dienen, bzw. die Ausbreitung eines

3.6 Erkundung und Gefahren bei mittleren/großen Flugzeugen

> Brandes unterbinden. Sämtliche Maßnahmen sind nach Möglichkeit zu dokumentieren. Alles Weitere ist dann nach Eintreffen der zuständigen Ermittlungsbehörde mit dieser abzustimmen.

3.6 Spezielle Erkundung und Gefahren bei mittleren und großen Flugzeugen (Lfz-Kl. A – C, > 5,7 t)

3.6.1 Allgemein

Im Gegensatz zu den zuvor erwähnten Luftfahrzeugen sind Unfälle in dieser Größenordnung eher seltener. Wenn es zu einem Flugunfall kommt, geschieht dieser oft am Flughafen oder ihrem direkten Umfeld. Die häufigsten Notlagen mit dieser Flugzeugkategorie entstehen beim Start und bei der Landung. Sollte es zu einem Unfall im direkten Umfeld oder auf dem Flughafengelände kommen, so ist damit zu rechnen, dass aufgrund der guten Rahmenbedingungen (bspw. niedrige Höhe, ausgebildete Rettungskräfte der Flughafenfeuerwehren direkt vor Ort etc.) die Chance besteht, dass mehrere Insassen/Passagiere das Unglück überleben. Gerade Flughafenfeuerwehren und ggf. öffentliche Feuerwehren im Einzugsbereich trainie-

Bild 33: *Boeing 767-300 »D-ABUF« der Fluggesellschaft Condor im Landeanflug auf den Flughafen Frankfurt a. M (Bild: Markus Lischka)*

3 Gefahren und Taktik nach Luftfahrzeugtypen

ren dieses Szenario regelmäßig und haben oft die Zusammenarbeit in ihren Alarmplänen bereits fest verankert. Kommt es jedoch zu dem selteneren Unfall abseits des Einzugsgebietes eines Flughafens, so sind die öffentlichen Feuerwehren zunächst auf sich allein gestellt.

3.6.2 Aufbau

Die Luftfahrzeuge dieser Luftfahrzeugklassen werden aus Verbundwerkstoffen kombiniert mit Leichtmetallen hergestellt. Die Einbauten im Flugzeuginneren sind in der Regel aus schwer entflammbaren Materialen. Die Längenausdehnung der in diesen Kategorien gelisteten Flugzeuge liegt größtenteils bei 35 Metern und mehr, die Spannweite beträgt bis zu 80 Meter. Der Radius dieser Luftfahrzeugklassen ist verschieden und kann bei rund 5.000 Kilometern liegen, bei sehr großen Modellen aber auch mehr als 15.000 Kilometern betragen. Demzufolge ist auch das mitgeführte Kerosin nicht bestimmbar bzw. immer bei jedem der gelisteten Flugzeugtypen individuell. Das Fassungsvermögen liegt bei einem Airbus A380 beispielsweise bei rund 320.000 Litern, mit welchem er bis zu 860 Passagiere transportieren kann. Bei einem kleineren Modell, dem Airbus A320, beträgt das Fassungsvermögen rund 25.000 Liter, die Passagieranzahl liegt bei rund 180.

Hier eine kurze Übersicht zu Tankkapazitäten, Reichweiten und Passagierzahlen unterschiedlicher Flugzeuge der Luftfahrzeugklassen A-C.

Tabelle 15:

Flugzeugmodell	Luftfahrzeugklasse	Tankkapazität	Reichweite	Passagieranzahl
Airbus A380-800	A	320.000 Liter	14.816 km	853
Boeing 747-8	A	242.470 Liter	14.800 km	605
Boeing 767-400	A	91.400 Liter	10.454 km	375
Airbus A320-200	A	30.190 Liter	6.150 km	180
Airbus A 318	A	24.210 Liter	5.700 km	132
Dornier 328-300	B	3.600 Liter	1.710 km	33
Learjet 35	C	4.200 Liter	4.070 km	8

3.6 Erkundung und Gefahren bei mittleren/großen Flugzeugen

3.6.3 Erkundung und Gefahren

Wie zuvor in der Tabelle aufgelistet, befinden sich große Mengen von Treibstoff meist in den Tragflächen. Durch Treibstoffe können Gefahren hervorgehen, welche es bei der Erkundung zu beachten gilt. Hilfreich bei der Erkundung ist, sich ein Rettungsdatenblatt des jeweiligen Flugzeuges zu besorgen. Die großen Hersteller, wie Airbus und Boeing, bieten diese zum Abruf auf deren Websites an. Um welchen Hersteller und welches Modell es sich handelt, kann über das Luftfahrzeugkennzeichen herausgefunden werden. Oftmals sind die Bezeichnungen auch an den vorderen Seiten des Flugzeuges angebracht.

Mithilfe der Rettungsdatenblätter lassen sich beispielsweise Informationen zur Lage von brennbaren Flüssigkeiten (Treibstoffe, Öle etc.), Sauerstoffflaschen, Batterien und Hilfsgeneratoren herausfinden. Auch die Lage und der Öffnungsmechanismus der Türen wird erklärt. Des Weiteren ist die Lage der Notrutschen eingezeichnet und es wird schaubildlich dargestellt, wo ggf. mit hydraulischem Rettungsgerät Zugänge geschaffen werden können.

3.6.4 Fracht

Bei der Luftfracht, die in Frachtflugzeugen und Passagierflugzeugen befördert werden, ist prinzipiell mit allem zu rechnen. Nach einem Flugzeugunglück muss daher eine entsprechende Erkundung stattfinden. In Deutschland werden jährlich Im- und Exporte im Warenwert von mehreren Milliarden Euro per Luftfracht durchgeführt. Anbei ein kurzer Überblick von Produkten der Kernbranchen aus Deutschland (Auswahl).

Tabelle 16:

	Import	Export
Elektrotechnische Waren	35 %	22 %
Maschinen	20 %	20 %
Optische Geräte	13 %	19 %
Pharma und Chemie	6 %	16 %
Luft-, Raum- und Kraftfahrzeuge	3 %	5 %

Quelle: Bundesverband der Deutschen Luftverkehrswirtschaft

3.6.5 Triebwerke/Turbinen

Wie bereits im Kapitel 2.2 »Allgemeine Gefahren« beschrieben, gilt besondere Vorsicht bei noch laufenden Triebwerken. An der Vorderseite der Triebwerke kann ein Sog entstehen, welcher Personen und Gegenstände in das Triebwerk ziehen kann. Daher ist auf die Sicherheitsmarkierungen am Triebwerk zu achten. Diese geben an, welche Bereiche um die Triebwerke betreten werden dürfen und welche Sicherheitsabstände vor und hinter dem Triebwerk (Ansaug- und Abstrahlbereich) eingehalten werden müssen. Einsatzkräfte sollten die Bereiche vor und hinter einem Triebwerk möglichst freihalten. Ist ein Betreten doch notwendig, so sollten im Ansaugbereich mindestens zehn Meter Abstand zum Triebwerk gehalten werden. Der Sicherheitsabstand im Abstrahlbereich sollte noch größer gewählt werden da der Abgasstrahl, je nach Drehzahl der Turbine, auch noch über 50 Meter und mehr nach hinten reichen kann.

3.6.6 Große Anzahl Passagiere/Verletzte/Verstorbene

Die Überlebenschancen bei einem Flugzeugabsturz liegen laut Statistischem Bundesamt und laut der US-Behörde für Transportsicherheit bei rund 95 %. Natürlich sind je nach Ereignis, als Beispiel einer Notlandung, ein Absturz aus geringer Höhe oder einer Kollision die Wahrscheinlichkeiten der Überlebenschancen entsprechend größer oder geringer. Voraussetzung zum Überleben eines Flugunfalls ist, dass dieser »mechanisch« überlebbar ist – sprich die Kräfte, welche bei einem Flugunfall auf den Passagier wirken, sind nicht so groß, dass diese zum sicheren Tod führen. In der Literatur ist hierzu aus Berichten der National Fire Protection Association (NFPA) zu finden, dass bei einem »überlebbaren Flugunfall« 25 % der Passagiere verletzt werden. Die Verletzungen sind laut NFPA kategorisiert in »immediate« (sofortige Behandlung), »delayed« (spätere Behandlung) und »minor« (untergeordnete Behandlung). Die NFPA geht bei den Verletzungsmustern davon aus, dass 5 % in die Kategorie »immediate«, 7,5 % in die Kategorie »delayed« und die restlichen 12,5 % in die Kategorie »minor« fallen. Über die übrigen 75 % und der Verteilung in unverletzt und tot gibt es keine Angaben. Im übertragenen Sinne kann man bei der Einteilung der NFPA auch sagen, dass man die Kategorien wie folgt zusammenführen kann:

3.6 Erkundung und Gefahren bei mittleren/großen Flugzeugen

Tabelle 17:

NFPA	Sichtungskategorie	Farbkodierung	Behandlung
immediate	SK1	ROT 5 %	Sofortige Behandlung bei akuter vitaler Bedrohung
delayed	SK2	GELB 7,5 %	Dringende Behandlung
minor	SK3	GRÜN 12,5 %	Spätere (ggf. auch ambulante) Behandlung
	SK4	BLAU k. A.	Betreuende Behandlung (Ohne Überlebenschance)
	Tot	SCHWARZ k.A	–

Die angegebenen Zahlen sind mit Vorsicht zu behandeln. Denn bei einem Flugunfall sind mehrere Faktoren davon abhängig mit welcher Anzahl Betroffener, Schwere der Verletzten und Verteilung der Verletzungsmuster zu rechnen ist. Der Einsatzleiter muss hier nach einer entsprechenden Informationsgewinnung und der Lage vor Ort das Ausmaß entsprechend einschätzen.

3.6.7 Ausmaß der Einsatzstelle/Trümmerfeld

Gerade bei mittleren und größeren Flugzeugen kann sich die Einsatzstelle von mehreren 100 Metern bis hin zu einer Fläche von 350 Quadratkilometern (Beispiel die Flugzeugkollision über Überlingen am 01.07.2002) ausdehnen. Eine pauschale Aussage zu treffen, ist an dieser Stelle sehr schwierig. Während der Erkundung schafft sich der Einsatzleiter einen ersten Einblick und muss entsprechend des Ausmaßes die Einsatzstelle festlegen. Es kann an dieser Stelle immer hilfreich sein, eine zeitnahe Erkundung aus der Luft, in Form von Polizeihubschraubern, Drohnen, aber auch eines Rettungshubschraubers zusätzlich durchführen zu lassen. Sollten mehrere Notrufe von verschiedenen Orten bzw. Schadenstellen berichten, so kann der Ursprung durchaus in dem initial gemeldeten Luftunfall liegen.

3.6.8 Einsatztaktik

Erstzugang
Es sollte immer versucht werden, über die bereits vorhandenen Öffnungen einzudringen. Hierfür sollte geprüft werden, ob eine Tür oder Verschluss geöffnet werden kann. Sollte dies nicht gelingen, müssen alternative Zugangswege geschaffen werden.

Brand im Inneren
Sollte aufgrund eines Feuers ein Innenangriff durchgeführt werden müssen, so kann analog zu den taktischen Vorgaben eines Gebäudebrandes vorgegangen werden. Als Löschmittel sollte Wasser eingesetzt werden.

Brand Außen
Bei Bränden außerhalb des Flugzeuges empfiehlt es sich, als Löschmittel Schaum einzusetzen. Prinzipiell sollte mit der Windrichtung vorgegangen werden. Sollte durch ein Brandgeschehen, aufgrund von Wärmestrahlung oder direkter Beaufschlagung auf den Rumpf, eine Gefahr der Ausbreitung vorhanden sein, so kann dieser mit Wasser gekühlt werden (nach Möglichkeit nicht dadurch den Schaumteppich aufreißen).

Befreiung eingeklemmter/eingeschlossener Personen
Es kann vorkommen, dass aufwendige Rettungsmaßnamen notwendig werden. Bevor mit technischem Gerät begonnen wird, sollte wie bei allen technischen Einsätzen, zunächst das Luftfahrzeug gegen Wegrollen/Wegrutschen gesichert und dieses stabilisiert werden. Beim Unterbauen und Sichern muss ggf. berücksichtigt werden, dass aufgrund der Bauform und der damit verbundenen großen Bodenfreiheit viel Unterbaumaterial benötigt wird. Über die nächstgelegene Flughafenfeuerwehr oder das Technische Hilfswerk kann gegebenenfalls spezielles Gerät angefordert werden.

Triebwerkbrände
Wie schon im Kapitel 2.6 »Löschmittel« beschrieben, besteht die besondere Schwierigkeit darin, das Löschmittel von außen in das Triebwerk hineinzubringen. Da die Triebwerke rundherum verkleidet sind, ist ein Einbringen von Wasser nur schwer zu bewerkstelligen. Bei einigen Triebwerken sind spezielle Löschöffnungen vorhanden, an diese heranzukommen kann sich im Ernstangriff jedoch schwierig gestalten. Falls

3.6 Erkundung und Gefahren bei mittleren/großen Flugzeugen

auch Löschschaum nicht den gewünschten Erfolg bringt, sollte versucht werden, das Triebwerk mit CO_2 oder Pulver zu löschen. Eine weitere Möglichkeit ist die Auslösung der im Flugzeug integrierten Triebwerk-Löschanlage (meist Halon) durch den Piloten oder Copiloten.

Fahrwerkbrände
Besonders zu beachten ist, dass sich der angreifende Trupp dem brennenden Fahrwerk von schräg vorne oder von hinten nähert. Durch die Hitzeeinwirkung können Felgen bersten. Dies kann wiederum dazu führen, dass Teile der Felge zur Seite hinweggeschleudert werden und Einsatzkräfte verletzen können. Als Löschmittel ist Wasser zu favorisieren.

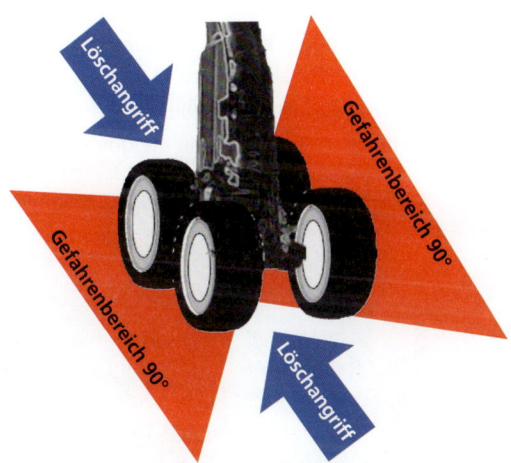

Bild 34: *Vorgehen bei einem Fahrwerkbrand*

Achtung:
Zu beachten ist, dass bei militärisch genutzten Transport- und Aufklärungsmaschinen auch Munition und Sprengstoffe an Bord sein können. In der Regel sind diese Flugzeuge zumindest mit einer Täuschkörperwurfanlage ausgerüstet. Auch muss bedacht werden, dass bei einem Truppentransport mit einer großen Anzahl von Passagieren zu rechnen ist.

3 Gefahren und Taktik nach Luftfahrzeugtypen

3.7 Spezielle Erkundung und Gefahren bei Hubschraubern

3.7.1 Allgemein

Hier soll nun auf Besonderheiten bei Unfällen mit Hubschraubern eingegangen werden. Hubschrauber fliegen durch die schnelle Drehbewegung des Hauptrotors, welcher den Auftrieb erzeugt. Um die Drehbewegung des Hauptrotors auszugleichen und das Fluggerät zu stabilisieren, besitzen die meisten Hubschrauber zusätzlich einen Heckrotor. Der große Vorteil von Hubschraubern gegenüber anderen Fluggeräten besteht darin, dass sie in der Luft schweben und auch in beengten Platzverhältnissen starten und landen können.

Hubschrauber mit deutscher Zulassung tragen das nationale Eintragungszeichen »H« und werden in der Literatur auch oftmals als »Drehflügler« bezeichnet. Im Jahr 2020 waren in Deutschland insgesamt 721 Hubschrauber zugelassen, wobei sich laut Flugunfallstatistik im Jahr 2020 insgesamt vier Unfälle ereigneten.

Bild 35: *Eurocopter EC 145 der Landespolizei Hessen (Bild: Markus Lischka)*

3.7 Spezielle Erkundung und Gefahren bei Hubschraubern

3.7.2 Erkundung und Gefahren

Grundsätzlich sind die Gefahren, welche von einem Hubschrauber ausgehen können, ähnlich zu denen der anderen Luftfahrzeuge. Ein großer Unterschied besteht jedoch in denen am Hubschrauber angebrachten Rotoren. Diese schwingen weit über den Hubschrauber selbst hinaus. Beispielsweise beträgt der Rotordurchmesser des Hauptrotors des Airbus H135 rund zehn Meter. Selbst bei kleineren Tragschraubern für den Freizeitsport beträgt der Rotordurchmesser noch rund acht Meter.

Beim zuvor genanntem H135 schwingen die Rotorblätter in einer Höhe von rund 3,20 Meter. Je nach Lage des Hubschraubers und bei Windböen kann es jedoch vorkommen, dass die Rotorblätter weiter nach unten schwingen. Hubschrauber nutzen zum Vorwärts- Rückwärts- oder Seitwärtsflug die sogenannte Rotorblattverstellung. Hierbei wird der Anstellwinkel der Rotorblätter verändert, sodass die Rotorblätter beispielsweise auf einer Seite weiter nach unten schwingen können. Daher sollte sich Hubschraubern, bei denen die Rotoren noch drehen, mit besonderer Vorsicht genähert werden. Es wird empfohlen, einen Sicherheitsabstand von 20 Metern vom Ende der drehenden Rotorblätter einzuhalten. Ebenfalls ist Vorsicht geboten, wenn der Hubschrauber beispielsweise in einer Senke steht und daher die Rotorblätter näher am Boden sind. Besonders sollte auch auf die Heckrotoren geachtet werden. Diese können – je nach Modell – freiliegen oder als Mantelpropeller (Fenestron) in den Heckausleger eingebaut sein.

Achtung:
Laufende Rotoren können leicht übersehen werden!

Gefahren durch auslaufende Betriebsstoffe können vorhanden sein. Hubschrauber, die über ein Wellentriebwerk angetrieben werden, führen als Treibstoff Kerosin mit. Dies trifft auf die meisten Hubschrauber im Einsatz bei Militär, Polizei oder Rettungsdiensten zu. Kleinere Hubschrauber, meist Tragschrauber für den privaten Bereich, werden mit Benzin oder seltener Diesel angetrieben. Ebenfalls kann davon ausgegangen werden, dass Hydraulikflüssigkeiten vorhanden sind. Die Treibstofftanks befinden sich in der Regel im unteren Bereich des Hubschraubers.

Eine Besonderheit stellen noch Rettungshubschrauber dar. Hier werden mehrere medizinische Geräte und Mittel mitgeführt, unter anderem auch Sauerstoff. Beim Brand eines Rettungshubschraubers ist auf die besondere Gefahr der Durchzündung

3 Gefahren und Taktik nach Luftfahrzeugtypen

dieser Sauerstoffflaschen zu achten. Zudem darf die Sauerstoffflasche niemals mit Ölen oder Fetten in Kontakt kommen, da die Gefahr der Selbstentzündung besteht.
Auch das Thema des Gesamtrettungssystems kann bei Hubschraubern auftreten. Dies stellt aktuell zwar nur einen geringen Prozentsatz dar, jedoch gibt es schon Hubschraubertypen, die über solch ein System verfügen. Zu erkennen ist das System durch einen runden Aufsatz auf dem Rotorkopf. Bei Auslösung wird – ähnlich den Systemen für Kleinflugzeuge – ein Fallschirm mittels einer Sprengkapsel nach oben abgeschossen. Sollte der abgestürzte Hubschrauber beispielsweise auf der Seite liegen, so muss unbedingt in Ausstoßrichtung abgesperrt und das System gesichert werden. Zudem sollte auf Behälter an den Kufen des Hubschraubers geachtet werden. Hier gibt es Modelle, die mit Rettungsschwimmkörpern ausgestattet sind. Diese werden mittels Helium-Druckflaschen (250 bar!) aufgeblasen.

3.7.3 Einsatztaktik

Falls die Rotoren des Hubschraubers noch drehen, sollte zunächst Abstand gehalten und die Absturzstelle weiträumig (300 Meter) abgesperrt werden. Die Annäherung sollte von schräg vorne mit einem Sicherheitsabstand von zunächst 20 Metern vom Ende der Rotorblätter erfolgen. Versuchen Sie, Kontakt zum Piloten aufzunehmen und Triebwerke ausschalten zu lassen. Ist dies möglich, sollte der Stillstand der Rotoren abgewartet werden. Ist dies nicht möglich und eine Menschenrettung erforderlich, könnte ein Trupp vorgeschickt werden, der die Triebwerke (Not-Aus) ausschaltet. Die Rettung von Personen aus dem Hubschrauber darf erst erfolgen, wenn die Rotoren stehen.

3.7 Spezielle Erkundung und Gefahren bei Hubschraubern

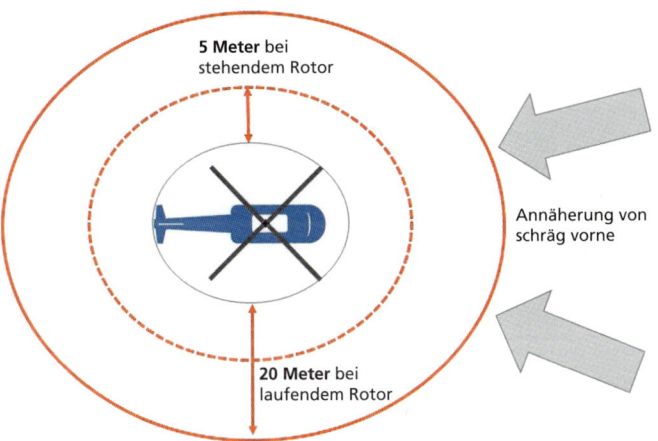

Bild 36: *Gefahrenbereiche durch Rotoren bei einem Hubschrauber*

Ansonsten ist ein zweifach-Brandschutz sicherzustellen und auf auslaufende Betriebsstoffe zu achten. Analog zu der Einsatztaktik bei einem Verkehrsunfall mit eingeklemmter Person unterscheidet man zwischen schneller (zeitkontrollierter) Rettung und Sofortrettung, eine Abstimmung mit dem alarmierten medizinischen Personal sollte immer erfolgen.

Das Öffnen der Cockpittüren erfolgt je nach Hubschraubermuster unterschiedlich. Es gibt Modelle, die Griffe wie bei einem Kraftfahrzeug haben, und an denen gezogen werden muss, um die Tür zu öffnen. Andere Modelle wiederum haben Handgriffe, die nach oben oder unten gedreht werden müssen. Meist ist der Öffnungsmechanismus durch Pfeile und/oder die Beschriftung »OPEN« (Öffnen) und »LOCKED« (Verschlossen) erklärt. Einige Modelle verfügen über einen Notabwurf der Cockpittüren. Hierbei befindet sich auf der vorderen Innenseite der Türen ein Notabwurfhebel. Wird dieser betätigt, kann die gesamte Tür nach außen abgenommen werden. Auch können Notausstiege vorhanden sein, beispielsweise über die Seitenfenster, welche sich von außen entfernen lassen (beispielsweise bei Airbus EC 135). Die Notfallmechanismen sind mit roten Markierungen gekennzeichnet. Auch wird die Funktion üblicherweise auf roten Aufklebern erklärt.

Wie bei Kleinflugzeugen sollte der Brandhahn geschlossen werden und über den Hauptschalter die Stromzufuhr unterbrochen werden. Bei modernen Flugzeugen und Hubschraubern wird dieses »Notaus« auch oft über Tasten und Wahlhebel gelöst. Beim Airbus EC 135 beispielsweise müssen zuerst die Brandhähne durch zwei rote Tasten in der Mittelkonsole mit der Aufschrift »EMER OFF« geschlossen werden. Anschießend die gelben Triebwerksschalter betätigen. Diese sind beschrieben mit »ENG1« und »ENG2« (für Triebwerk 1 und 2) und befinden sich unter einer roten Doppelsicherung. Die Sicherung aufklappen und beide Schalter nach unten auf »off« stellen. Sollten sich die Sicherheitsgurte nicht öffnen lassen, müssen die Gurte zerschnitten werden.

3.7.4 Militärhubschrauber

Zu den zuvor genannten Gefahren kommen die speziellen Gefahren von militärischen Fluggeräten hinzu. Hierbei handelt es sich vor allem um die Täuschkörperwurfanlagen und eventuelle Bewaffnung. Beim Hubschraubermuster »Eurocopter Tiger« lassen sich – ähnlich wie der »Canopy Jettison« bei Kampfflugzeugen – die Seitenfenster absprengen. Hierzu ist links und rechts unterhalb der vorderen Seitenfenster ein Auslösegriff an einer drei Meter langen Leine befestigt. Eine sehr gute und anschauliche Darstellung bietet die vom General Flugsicherheit der Bundeswehr herausgegebene »Hilfe bei Flugunfällen«.

3.8 Spezielle Erkundung und Gefahren bei Ballonen

3.8.1 Allgemein

Zu den sichersten Luftfahrzeugen zählen aufgrund ihres Aufbaus die Ballone. Um einen Ballon fahren zu dürfen und Personen zu befördern, benötigt man einen Pilotenschein. Hierfür bedarf es einer langwierigen theoretischen und praktischen Ausbildung. Aus den Daten des Statistischen Bundesamt geht hervor, dass es im Jahr 2021 ca. 1.000 zugelassene Ballone in Deutschland gegeben hat.

Info:
Die erste bemannte Ballonfahrt fand bereits im späten 18. Jahrhundert statt. Damals waren Jean-François Pilâtre de Rozier und François d'Arlandes bei Paris mit einem Heißluftballon aufgestiegen.

Es gibt drei verschiedene Typen von Ballonen, den Heißluftballon, Gasballon und den Rozière Ballon.

3.8   Spezielle Erkundung und Gefahren bei Ballonen

3.8.2 Heißluftballon

Bild 37:   *Ein Heißluftballon kurz nach dem Start. Gut zu erkennen ist das aufgedruckte Luftfahrzeugkennzeichen: O = Bemannte Ballone (Bild: CC BY 2.0, Simon Samtleben).*

Ein Heißluftballon besteht aus der Ballonhülle mit Trag- und Steuerseilen, dem Weidenkorb mit Anbindung an die Tragseile sowie dem Brenner mit Rahmen, Gasflaschen, Ventilen und Schlauchverbindungen. Ballone bzw. die Hülle sind in der Regel aus nicht brennbarem Material. Als heutigen Ballonstoff benutzt man meist ein dünnes, reißfestes Nylon welches einseitig mit Polyurethan beschichtet wird. Durch den Stoff wird die Dichtigkeit gegeben. Für den oberen Bereich des Ballons bieten Hersteller vermehrt Stoffe mit Silikonbeschichtung an, woraus eine höhere Temperaturbeständigkeit resultiert. Da der obere Bereich den höchsten Temperaturen ausgesetzt ist, wird somit die Lebensdauer der Ballonhülle verlängert. Im Unteren Bereich des Ballons verwendet man Nomex-Stoff. Bekannt von der Schutzausrüstung der Feuerwehr, ist dieser Stoff extrem hitzebeständig und schwer entflammbar.

Durch einen propangasbetriebenen Brenner wird die Luft in der Ballonhülle erhitzt. Die erhitzte Luft dehnt sich aus, wodurch ihr spezifisches Gewicht reduziert

3 Gefahren und Taktik nach Luftfahrzeugtypen

wird und dann leichter ist als die umgebene Außenluft. Somit wird durch den Gewichtsunterschied der Auftrieb erzeugt. Ein Nachheizen erfolgt in der Regel alle zwei bis drei Minuten und die Luft wird auf Temperaturen zwischen 70 und 125°C gehalten. Je nachdem, wieviel Propangas mitgeführt wird, haben die Ballone eine Flugzeit von zwei bis sechs Stunden. Das Fassungsvolumen einer Ballonhülle beträgt zwischen 3.000 und 10.000 Kubikmetern.

Druckgasbehälter werden im Ballonbereich als Gaszylinder bezeichnet. Im Gegensatz zu gewerblich oder privat genutzten Druckgasbehältern unterscheiden sich diese Gaszylinder in ihrer Bauart und Größe. Die Gaszylinder werden aus Edelstahl und Aluminium gefertigt, einige wenige bestehen aus Titan. Die Gaszylinder sind mit Flüssiggas (Propan) gefüllt. Die Besonderheit, dass das Gas in der Flüssiggasphase zum Betrieb des Ballons entnommen wird, führt dazu, dass im Falle einer Undichtigkeit flüssiges Propan ausströmen kann. Das Fassungsvolumen der Gaszylinder liegt in der Regel bei 40 Kilogramm.

3.8.3 Gasballon

Im Gegensatz zum Heißluftballon erkennt man den Gasballon daran, dass er eher apfelförmig und wesentlich kleiner ist. Bei den Gasballonen wird ein sogenanntes Treibgas, wie z. B. Wasserstoff oder Helium, verwendet. Da die beiden Gasarten eine etwa drei- bis viermal so hohe Tragkraft wie heiße Luft haben, kommt der Gasballon mit wesentlich weniger Volumen aus. Die Gase werden nicht durch einen Brenner erhitzt. Das Fallen oder Steigen des Ballons wird ausschließlich durch Ballastabwurf (meist Wasser oder Sand) oder Ablassen von Gas gesteuert. Für die Hülle werden andere Materialien, wie beispielsweise Latex oder Seidengewebe mit Gummi, verwendet. Ein Nachteil bei den Treibgasen ist, dass diese brennbar sein können. So hat beispielsweise Wasserstoff schon mehrfach in der Luftfahrt zu schweren Bränden und Unfällen geführt. Ein großer Vorteil bei der Verwendung von Helium ist, dass es sich um ein unbrennbares Edelgas handelt und somit einen gefahrlosen Umgang ermöglicht. Das verschiedene Gase eingesetzt werden, liegt an den unterschiedlichen physikalischen Eigenschaften, aber auch an der Tatsache, dass Helium ein sehr teures Gas im Vergleich zu Wasserstoff ist. Die Gasballone können, im Vergleich zu den Heißluftballonen, meist nicht an allen Orten starten, da sie bedingt durch das benötigte Treibgas auf Tankvorrichtungen oder einen Tankwagen angewiesen sind. Der wohl bekannteste Einsatz von Gasballonen findet wohl im Bereich als Wetter- und Forschungsballon statt. Die Gaszylinder sind meist mit einem Spanngurt arretiert.

3.8 Spezielle Erkundung und Gefahren bei Ballonen

3.8.4 Rozière Ballon

Der Rozière Ballon wurde benannt nach seinem Erfinder, Luftfahrtpionier Jean-François Pilâtre de Rozier. Diese Ballonart ist eine Kombination aus Gas- und Heißluftballon. Bei diesem Ballontyp wird als Treibgas Helium eingesetzt. Er besteht aus einer kugelförmigen Gaszelle, umhüllt von einer Außenhaut, welche in einen daruntergesetzten Heißluft-Konus übergeht. Die Rozière wird über einen Brenner, wahlweise mit Kerosin, Propan oder Butan beheizt, wodurch sich die Dichte des Treibgases verringert und somit die Tragkraft vergrößert wird. Da ihr Äußeres einem Heißluftballon ähnelt, werden Rozièren aus Unkenntnis oft Heißluftballone genannt.

3.8.5 Erkundung und Gefahren

Bei den Unfallszenarien muss erkundet werden, in welcher Lage sich der Ballon befindet und wie der Unfallhergang stattgefunden hat. Gegebenenfalls kann sich die Schadenstelle erheblich vergrößern, wenn beispielsweise Passagiere bei einem missglückten Landeversuch aus dem Korb gefallen sind und dieser danach wieder, aufgrund der Gewichtsreduzierung oder Wind, Auftrieb bekommen hat. Die Erkundung sollte stets mit dem Wind stattfinden. Sollte der Ballon nochmals Auftrieb erlangen, besteht die Gefahr, von diesem getroffen zu werden. Beim Vorgehen sollte die Umgebung genau erkundet werden. Es kann vorkommen, dass ein Ballon eine Stromleitung abgerissen hat oder in dieser hängt. Besonders in diesem Fall sind der Abstand, aber auch der Spannungstrichter zu berücksichtigen.

Der Brenner an sich bringt mehrere Gefahren mit sich, meist wird dieser mit Gas betrieben. Je nach Größe des Ballons werden im Korb mehrere Gaszylinder mitgeführt. Durch eine evtl. Beschädigung der Versorgungsleitung oder des Behälters kann es zum Austritt von Flüssiggas (Propan) kommen. Dieses ist schwerer als Luft und sammelt sich am Boden, in Senken, Kanälen oder Schächten. Durch einen noch intakten Brenner, aber auch dessen heißen Oberflächen, kann z. B. bei Trockenheit die Gefahr entstehen, die Vegetation in Brand zu setzen. Falls nach einem Unfall oder bei der Landung der Korb umfällt, sowie wenn im hohen Bewuchs gelandet wird, kann hiermit gerechnet werden. Auch kommt es vor, dass gerade durch solch einen ausgelösten Brand der Ballon selbst Feuer fängt und abbrennt. Es gibt die verschiedensten Ballongrößen, sodass erkundet werden muss, wie viele Fahrgäste mitgeflogen sind. Es empfiehlt sich, den Ballonführer, aber auch die Fahrgäste zu befragen.

3 Gefahren und Taktik nach Luftfahrzeugtypen

Bild 38: *Blick in den Korb eines Heißluftballons. Links sind die Brennstoffbehälter erkennbar. Die jeweiligen Flaschenbehälter können über den roten Schwenkhebel auf der Oberseite geöffnet oder geschlossen werden (Bild: BFU).*

3.8.6 Einsatztaktik

Prinzipiell gilt analog einem Verkehrsunfall: Erkunden, Sichern, Retten! Bei einem Unfall mit Folgebrand ist zuerst die Brandbekämpfung einzuleiten.

- Es empfiehlt sich immer, wenn nichts anderes bekannt ist, mindestens einen Gefahrenbereich von 50 Metern sowie einen Absperrbereich von 100 Metern einzurichten. Im Gefahrenbereich selbst sollten sich nur Einsatzkräfte mit einem Auftrag aufhalten.
- Bereitstellungsraum/Haltepunkt für nachfolgende Kräfte festlegen, vor allem wenn der Zugang zur Einsatzstelle nicht ersichtlich ist.
- Nach Möglichkeit ist mit dem Wind vorzugehen.
- Bei der Erkundung Ballonführer und/oder Fahrgäste befragen.
- Das Ausmaß des Schadens bzw. das Schadengebiet ist zu erkunden.

- Brandschutz sicherstellen (zweifach). Hinweis: Ballons führen auch einen tragbaren Feuerlöscher mit.
- Umgebung genau erkunden, es kann vorkommen, dass ein Ballon ggf. eine Stromleitung abgerissen hat, oder in einer hängt. Besonders sind in diesem Fall der Abstand sowie der Spannungstrichter zu berücksichtigen.
- Ballon sollte gesichert werden, so dass er nicht wieder durch eine Windböe in Bewegung gerät.
- Überprüfen, ob die Gaszufur gestoppt ist, bzw. ob eine Versorgungsleitung o. ä. beschädigt wurde.
- Überprüfen, ob der Brenner in einem sicheren Zustand ist.

3.9 Spezielle Erkundung und Gefahren bei Drohnen

Unbemannte Flugobjekte sind in der heutigen Zeit schon präsent, werden aller Voraussicht nach in Zukunft aber noch wesentlich an Bedeutung hinzugewinnen. Im gewerblichen und privaten Bereich finden Drohnen große Einsatzmöglichkeiten – ob zur reinen Hobbyfliegerei, zur Anfertigung von Filmaufnahmen oder auch schon zum Transport kleinerer Güter. In den kleinen Fluggeräten sind Akkus verbaut, welche beim Absturz in Brand geraten können und so auch Folgebrände auslösen können, jedoch gehen weiter keine nennenswerten Gefahren von ihnen aus. Wie sich dies in Zukunft entwickeln wird, wenn Drohnen womöglich auch Gefahrgut transportieren könnten oder der Personenbeförderung dienen, lässt sich zum aktuellen Zeitpunkt nur spekulieren. Jedoch sind solche »Lufttaxis« bereits in der Entwicklung und Erprobung.

Drohnen im Einsatz von Streitkräften sind unbemannte Fluggeräte welche überwiegend für den Aufklärungseinsatz konzipiert sind. Der Pilot sitzt dabei mehrere (manchmal auch mehrere hundert) Kilometer entfernt und steuert das Fluggerät. Verschiedene Staaten setzen bereits auch schon bewaffnete Drohnen ein. Die Bundeswehr setzt verschiedene Typen von Drohnen aktuell zur Aufklärung ein. Am Luftfahrzeugkennzeichen sind diese an den Nummern 90 + xx, 91 + xx und 93 + xx zu erkennen.

Die eingesetzten Drohnen unterscheiden sich teilweise stark in Größe und Gewicht. Während die Aufklärungsdrohne »LUNA« eine Startmasse von rund 40 Kilogramm besitzt, so kommt die »Heron 1« auf eine Spannweite von 16,6 Metern und einem Maximalgewicht von rund 1,1 t. In der Zukunft wird die Bedeutung von unbemannten Fluggeräten wohl weiter zunehmen.

3 Gefahren und Taktik nach Luftfahrzeugtypen

Bild 39: *Aufklärungsdrohne »Luna« der Bundeswehr beim Start (Bild: Luftfahrtamt der Bundeswehr)*

Gefahren

Grundsätzlich ist immer die Situation vor Ort und eine genaue Erkundung notwendig. Sofern es sich um Aufklärungsdrohnen handelt, ist von keinen spezielleren Gefahren auszugehen. Die Drohnen der Bundeswehr werden mit Benzinmotoren betrieben, sodass typische Gefahren von Turbinen- oder Strahltriebwerken nicht vorhanden sind. Jedoch ist auf die gegebenenfalls freigesetzten Betriebsstoffe zu achten. Die Drohnen werden in der Regel mit Alkylatbenzin oder AvGas100LL betrieben, welches hoch- bzw. leichtentzündlich und gesundheitsschädlich ist. Beim Brand einer abgestürzten Drohne ist mit Atemgiften durch die verbrennenden Materialien zu rechnen. Da die Drohnen in der Regel aus Kohlefaserverbundwerkstoffen gefertigt sind, ist hier zwingend umluftunabhängiger Atemschutz zu tragen.

Wichtig:
Die Bundeswehr setzt zwar aktuell keine bewaffneten Drohnen ein. Bei einem Flugunfall mit einer Drohne sollte jedoch nie grundsätzlich davon ausgegangen werden, dass diese auch immer unbewaffnet ist. Daher muss bei der Erkundung in Erfahrung gebracht werden, ob eine Bewaffnung vorhanden ist!

3.10 Spezielle Erkundung und Gefahren bei Luftschiffen

3.10.1 Allgemeines

Luftschiffe haben ihre Wurzeln im 19. Jahrhundert und erreichten ihren Höhepunkt in der ersten Hälfte des 20. Jahrhunderts. Sie wurden für mehrere Zwecke genutzt. Zum einen für den Personenverkehr zum anderen aber auch als Gütertransport, zur Luftraumüberwachung oder als Aufklärer. Luftschiffe lassen sich in drei Bauweisen einteilen, bzw. Unterscheiden:

- Prallluftschiffe,
- halbstarre Luftschiffe
- und Starrluftschiffe.

In der heutigen Zeit sind Luftschiffe eher selten. Nach Angaben des Statistischen Bundesamtes waren in Deutschland zuletzt (2020) nur noch drei Luftschiffe zugelassen. Diese werden hauptsächlich für Werbezwecke, Rundflüge, zur Überwachung und für Forschungsaufgaben eingesetzt. In Deutschland ist wohl der bekannteste Standort der Zeppelin Hangar/Zeppelin Werft in Friedrichshafen, wo unteranderem auch Rundflüge zu touristischen Zwecken mit dem Zeppelin NT angeboten werden.

Bild 40: *Luftschiff (Zeppelin NT) beim Start in Friedrichshafen. Gut zu erkennen sind die Luftschiffgondel und die Propeller an den Seiten und am Heck (Bild: Erica Petersen).*

3.10.2 Unfälle

Unfälle mit Luftschiffen sind eher eine Seltenheit, beim Statistischen Bundesamt werden diese mit den Freiballonen zusammengeführt. Im Jahr 1990 konnten noch 5,3 Unfälle pro 100 zugelassene Luftschiffe registriert werden, heute ist die Zahl < 1.
 Der letzte bekannte schwere Unfall in Deutschland mit einem Prallluftschiff, ereignete sich im Jahr 2011 am Flugplatz in Reichelsheim. Das Luftschiff mit vier Insassen (Pilot und drei Journalisten) hatte zuvor Luftaufnahmen vom Hessentag in Oberursel gemacht. Beim Landeanflug in Reichelsheim ist es dann zu dem Unglück gekommen, bei dem der Zeppelin in Brand geraten ist. Eine Person (der Pilot) kam dabei ums Leben. Die Bundesstelle für Flugunfalluntersuchung (BFU) nahm die Ermittlung auf. Im Jahr 2013 folgte der Abschlussbericht. Aus diesem ging als Ursache hervor, dass der Flugunfall auf eine harte Landung zurückzuführen sei. Bei dieser ist das Fahrwerk abgebrochen und beim Aufsetzen der Fahrwerksgondel auf der Wiese wurde die Benzinversorgung (für das Triebwerk) beschädigt. Dies führte zu einem Kraftstoffaustritt, welcher sich entzündete.

3.10.3 Aufbau eines Luftschiffes

Luftschiffe bestehen aus einem Auftriebskörper der das Traggas enthält. Das Traggas selbst sorgt für den Auftrieb. In der heutigen Zeit wird als Traggas Helium genutzt. Helium ist ein ungiftiges, farb- und geruchloses Gas, etwa siebenmal leichter als Luft und nicht brennbar. Je nach Art eines Luftschiffes sind an diesem die Fahrgastzellen bzw. Gondeln befestigt. Weiter haben Luftschiffe ein oder mehrere Triebwerke sowie ein Leitwerk. Die größten je gebauten Luftschiffe (LZ 129 und LZ 130 »Graf Zeppelin II«) hatten eine Länge von 245 Metern, einen Durchmesser von 41 Metern und einem Gasvolumen von knapp 200.000 Kubikmetern. Das heute bekannteste Luftschiff, der Zeppelin NT, hat eine Länge von 75 Metern mit einem Gasvolumen von 8.425 Kubikmetern. Die Gondel hat Plätze für insgesamt 14 Personen (Pilot und Copilot sowie 12 Passagiere). Das maximale Startgewicht beträgt 8.040 Kilogramm.
 Als Antrieb von Luftschiffen kommen hauptsächlich Benzin-Flugmotoren (AV-GAS) mit Luftschrauben zum Einsatz, wobei die Propeller schwenkbar sind und damit einen senkrechten Start ermöglichen. Die Zeppelin NT hat eine maximale Geschwindigkeit von ca. 125 km/h, eine Reichweite von ca. 1.000 Kilometern und eine maximale Flughöhe von 2.600 Metern. Der Antrieb erfolgt durch drei Propellertriebwerke mit je 200 PS (147 kW). Es werden rund 1.100 Liter Treibstoff mitgeführt.

3.10 Spezielle Erkundung und Gefahren bei Luftschiffen

Bild 41: *Absturz eines Luftschiffes am 12.06.2011 in Reichelsheim (Wetterau) (Bild: Joachim Storch)*

3.10.4 Erkundung und Gefahren

Bei den Unfallszenarien muss erkundet werden, in welcher Lage sich das Luftschiff befindet. Zum Beispiel, wie bei dem zuvor erwähnten Unfall in Reichelsheim, wurden Passagiere abgesetzt, während das Luftschiff nicht gesichert war. Aufgrund der Gewichtsreduzierung oder Wind, hat dies dann wieder Auftrieb bekommen und die Unfallstelle vergrößerte sich. Die Erkundung sollte daher stets mit dem Wind stattfinden. Sollte das Luftschiff nochmals Auftrieb erlangen, so besteht die Gefahr, von diesem getroffen zu werden. Des Weiteren muss erkundet werden, wie viele Passagiere insgesamt an Bord waren. Ein Besonderer Augenmerk sollte bei den Luftschiffen den Antrieben gelten. Mit in die Erkundung ist einzuschließen inwieweit diese sich in einem »sicheren Modus« befinden, sprich abgeschaltet sind.

3 Gefahren und Taktik nach Luftfahrzeugtypen

3.10.5 Einsatztaktik

Prinzipiell gilt analog einem Verkehrsunfall: Erkunden, Sichern, Retten! Bei einem Unfall mit Folgebrand ist zuerst die Brandbekämpfung einzuleiten.

- Es empfiehlt sich immer, wenn nichts anderes bekannt ist, mindestens einen Gefahrenbereich von 50 Metern sowie einen Absperrbereich von 100 Metern einzurichten. Im Gefahrenbereich selbst sollten sich nur Einsatzkräfte mit einem Auftrag aufhalten.
- Bereitstellungsraum/Haltepunkt für nachfolgende Kräfte festlegen, vor allem wenn der Zugang zur Einsatzstelle nicht ersichtlich ist.
- Nach Möglichkeit mit dem Wind vorgehen.
- Bei der Erkundung Flugkapitän und/oder Fahrgäste befragen.
- Das Ausmaß des Schadens bzw. das Schadengebiet ist zu erkunden.
- Brandschutz sicherstellen (zweifach).
- Die Umgebung genau erkunden, auf umliegende Stromleitungen, Gebäude usw. achten.
- Das Luftschiff sollte gesichert werden, so dass es nicht wieder durch eine Windböe in Bewegung gerät.
- Überprüfen, ob die Antriebe gestoppt sind und sich das Luftschiff in einem »sicheren Zustand« befindet.

3.11 Spezielle Erkundung und Gefahren bei Gleitschirm- und Drachenfliegern

3.11.1 Allgemein

Laut dem Deutschen Gleitschirm- und Drachenflugverband e.V. (DHV) gibt es in Deutschland aktuell rund 25.000 bis 30.000 aktive Gleitschirm- und Drachenflieger. Unter diesen kommt es jährlich zu ca. 100 Gleitschirmunfällen mit Verletzten. Im Jahr 2021 endeten neun davon tödlich. Bei den Hängegleiterpiloten (Drachenflieger) waren es durchschnittlich 20 Unfälle, zwei davon endeten tödlich. Die vergleichsweise niedrigere Zahl begründet sich darin, dass es wesentlich weniger Hängegleiterpiloten gibt.

Im Vergleich zu anderen Luftsportarten wie Segel-, Motor- und Ultraleichtfliegen wird sich beim Gleitschirm- und Drachenfliegen mit niedrigen Fluggeschwindigkeiten bewegt. Gleit- und Drachenflieger haben kein schützendes Cockpit um sich. Zwar kommt es aufgrund der niedrigen Geschwindigkeiten seltener zu tödlichen Unfällen, jedoch ist mit erheblichen Verletzungen zu rechnen.

3.11.2 Aufbau eines Gleitschirmes

Im Gegensatz zu der in der Luftfahrt üblichen doppelten Belastungsreserve, werden die Materialien des Gleitschirmes so ausgelegt, dass diese dem Musterprüfungstest des DHV standhalten. Der Gleitschirm mit seinen Leinen und dem Segel müssen mindestens der achtfachen Belastung des Normalfluges standhalten. Bei einer Extrembelastung besteht immer noch eine dreifache Sicherheitsmarge. Unfälle aufgrund von Materialversagen sind eher unbekannt.

Ein Gleitschirm besteht aus folgenden Teilen:
- Kappe,
- Leinen,
- Tragegurte,
- Verbindungselementen (jegliche Art von Karabinern).

Das Gurtzeug besteht aus folgenden Teilen:
- Sitzbrett,
- Protektor,
- Beingurten,

- Frontgurt (Brustgurt),
- Schultergurt,
- optional einem Rettungsgerät.

Das Rettungsgerät ist ein kleiner zusätzlicher Fallschirm, welcher in einer Notsituation durch den Piloten geöffnet werden kann und die Fallgeschwindigkeit auf 5 bis 7 m/s reduziert, was einem Sprung aus 2,5 m Höhe gleichkommt.

3.11.3 Gefahren

Prinzipiell gibt es verschiedene Szenarien, wodurch es zu einem Unfall kommen kann. Beispiele können sein: das Zusammenstoßen mit anderen Luftfahrzeugen, Defekte am Schirm, Flugsituationen in denen der Schirm/das Fluggerät nicht mehr unter Kontrolle gebracht werden kann, Gefährliche Rotationen etc. Vor allem bei der Landung kann es immer wieder zu Gefahrensituationen kommen. Gleitschirmflieger werden in ihrer Ausbildung auf eine mögliche Gefahr geschult.

Kommt es aufgrund von Flugfehlern, dem falschen Einschätzen des Gleitwinkels, plötzlichem Gegenwind, o. ä. dazu, dass man in einem Waldgebiet landen muss (Baumlandung) dann versucht der Gleitschirmflieger nach Möglichkeit, niedrige Bäume anzufliegen und in einem Nadelbaum zu landen, da diese im Vergleich zu Laubbäumen keine starren und ausladenden Äste haben und somit das Verletzungsrisiko wesentlich geringer ist. Zudem werden die Gleitschirmflieger in ihrer Ausbildung angehalten, sollten sie in einem Baum o. ä. landen, aufgrund der Absturzgefahr keine eigenen Rettungsversuche zu unternehmen. Sie sollten sich sichern und auf das Eintreffen von Rettungskräften warten.

3.11.4 Einsatztaktik

Bei Unfällen mit Gleitschirm- und Drachenfliegern ist es oft schwierig, die Unfallstelle zu finden bzw. an diese zu gelangen. Es empfiehlt sich, falls die Einsatzstelle nicht offensichtlich ist, Unterstützung aus der Luft zur Suche anzufordern. Hier können auch Drohnen helfen. Falls telefonischer Kontakt zum Verunfallten besteht, ist ggf. auch eine Handyortung möglich. Die Feuerwehr wird bei solchen Stichworten meist zur Rettung aus Höhen oder Unterstützung bei der Rettung aus unwegsamem Gelände hinzugerufen.

3.11 Spezielle Erkundung u. Gefahren bei Gleitschirm-/Drachenfliegern

Die eigentliche Herausforderung an solchen Einsatzstellen ist meist die Rettung aus der Höhe (Baum, Strommast o. ä.). Bei der Rettung aus Höhen empfiehlt es sich Spezialeinheiten wie z. B. die Höhenrettung frühzeitig mit zu alarmieren, da die mitgeführten Gerätschaften der Feuerwehr meist vor Ort nicht einsetzbar sind oder nicht ausreichen.

Durch die Feuerwehr muss die Einsatzstelle gesichert werden. Von besonderen Gefahren, insofern der Gleitschirm nicht in einer stromführenden Leitung hängt, ist nicht auszugehen. Sollte dies jedoch der Fall sein, muss die Leitung zunächst spannungsfrei geschalten und ggf. geerdet werden. Durch die Rettungskräfte ist bis dahin der notwendige Sicherheitsabstand einzuhalten (beachte Spannungstrichter etc.).

Der Gleitschirm sollte anschließend so weit gesichert werden, dass dieser sich nicht mehr bewegen kann (bspw. durch auftretende Winde) und somit den Patienten aber auch Rettungskräfte nicht zusätzlich gefährdet. Die Person befindet sich in Absturzgefahr und muss je nach Zustand patientenorientiert oder schnell gerettet werden. Es empfiehlt sich – falls möglich – unterhalb der Person einen Sprungretter aufzustellen, um einen möglichen Fall abzudämpfen. Die Rettung an sich gestaltet sich vor Ort immer individuell, aufgrund verschiedenster Einflussgrößen (Höhe, Gelände, Patientenzustand, Zugänglichkeit etc.).

Auch gibt es Höhenrettungseinheiten, die aus Helikoptern agieren können und sich über Winden ablassen. Hierbei ist jedoch immer darauf zu achten, dass der Schirm durch den erzeugten Wind des Helikopters einen erneuten Auftrieb erlangen kann. Es besteht die Gefahr, dass sich dieser in Bewegung setzt und den Patienten zusätzlich schadet.

Bedacht werden sollte auch, dass die Rettung eines im Gurtzeug hängenden Gleitschirmfliegers unter Umständen zeitkritisch werden kann. Je nachdem, wie lange er schon im Gurtzeug hängt, kann es zu einem Hängetrauma kommen.

4 MANV und PSNV

4.1 Massenanfall von Verletzten (MANV)

In allen Bundesländern wird sichergestellt, dass Patienten innerhalb einer im jeweiligen Bundesland festgelegten Hilfsfrist in der Regel individual-medizinisch versorgt werden können. Bei einem Unfall mit einem Luftfahrzeug wird neben der Alarmierung der Feuerwehr ebenfalls der Rettungsdienst alarmiert. Charakteristisch für einen Flugunfall in größeren Flugzeugtypenklassen (beispielsweise Luftfahrzeugkennzeichen A-C) ist, dass mit einem Massenanfall von Verletzten (MANV) gerechnet werden muss. In den Bundesländern wird dann in Abhängigkeit von landesspezifischen Vorgaben, festgelegten Alarmplänen, aber auch nach Einschätzung der eingehenden Notrufe durch die Leitstellen die Alarmierung ausgelöst. Gerade aufgrund der Notrufabfrage kann sehr oft eine erste Einschätzung über Anzahl der Verletzten und Ausmaß des Schadenereignisses getroffen werden.

In diesem Zusammenhang kann man mit einem »MANV-Szenario« konfrontiert werden. Die Festlegung der MANV-Schwelle ist in den verschiedenen Bundesländern, in jedem Landkreis, aber auch in den kreisfreien Städten unterschiedlich, da sie in direkter Abhängigkeit zu den gemäß Rettungsmitteldienstplan vorgehaltenen Rettungsmitteln steht. Prinzipiell sagt das Einsatzstichwort »MANV« daher erstmal nur aus, dass es sich um ein Schadenereignis handelt, welches aufgrund der Anzahl zu erwartenden Verletzten, nicht mit dem zur Verfügung stehenden Personal und Material der vorgehaltenen Rettungsmittel zu bewältigen ist. Man könnte dies auch einfach mit einer rettungsdienstlichen Großschadenlage bezeichnen.

Wie bei einem normalen Einsatzszenario wird der Rettungsdienst in kürzester Zeit an der Einsatzstelle eintreffen, aber dann vermutlich nicht mit der benötigten »Schlagkraft«, um alle Patienten entsprechend zu betreuen, zu versorgen und nach der Erstversorgung zu transportieren. Als Beispiel gibt es in Hessen einen Erlass aus welchem hervorgeht, dass die MANV Stufen 50, 100 und 250 von den Landkreisen entsprechend als Stichworte und mit dahinter festgelegten Rettungsmitteln zu versorgen sind. Da ein Landkreis meist nicht in der Lage ist, solche Mengen an Rettungsmitteln bereitzustellen, werden die verschiedensten Rettungsmittel aus mehreren Landkreisen und teils länderübergreifend angefordert. Weiter wird empfohlen, auch unterhalb dieser festgelegten Schwellenwerte weitere MANV Stichworte (MANV 5, 15, 20, …) zu generieren, um bei Einsatzszenarien mit mehreren Verletzten/Betroffenen eine schnelle Alarmierung der benötigten Einsatzmittel sicherzustellen – immer im Hinblick auf die eigenen vorgehaltenen Kräfte.

4.2 Psychosoziale Notfallversorgung (PSNV)

Im Zuge der Einsatzvorbereitung sollten sich Führungskräfte mit den vorhandenen Strukturen im eigenen Bereich vertraut machen, um abschätzen zu können, welche und wie viele Einsatzmittel sich beim Auslösen eines MANV in Bewegung setzen. Daraus ergibt sich auch in direktem Zusammenhang, welche zusätzlichen Einsatzmaßnahmen (Bereitstellungsräume, Haltepunkte, Behandlungsplatz, ggf. Hubschrauberlandeplatz etc.) getroffen werden müssen.

4.2 Psychosoziale Notfallversorgung (PSNV)

Die Einheiten der PSNV sind in den Bundesländern sehr unterschiedlich aufgestellt und es sollte sich im Vorfeld informiert werden, welche Leistungsmöglichkeiten diese haben. In den meisten Organisationen der PSNV wird eine vorbereitende (Primärprävention), eine begleitende (Sekundärprävention) und eine Einsatznachsorge (tertiäre Prävention) angeboten. Ein Guter Ansprechpartner können auch die Unfallkassen sein. Aufgabenstellung dieser Einheiten ist es, den Einsatzkräften, Angehörigen, Hinterbliebenen etc. bei der Verarbeitung von belastenden Einsatzszenarien zu helfen.

Wie seit Jahren gängige Praxis, sollten gerade Rettungskräfte auf entsprechende Szenarien vorbereitet sein und die Unterstützung regelmäßig in den Ausbildungen angeboten werden (Primärprävention). Hier geht es vor allem um die vorbereitenden Maßnahmen jeder Organisation, sich auf Szenarien vorzubereiten, welche im Zusammenhang mit psychischen Belastungen stehen könnten und daraus Maßnahmen abzuleiten. Mögliche Maßnahmen:

- die Festlegung der automatischen Alarmierung der PSNV bei bestimmten Alarmstichworten,
- die Festsetzung einer Einsatznachbesprechung nach bestimmten Ereignissen,
- Aushang einer Liste mit möglichen Ansprechpartnern für Einsatzkräfte etc.

Beim Absturz eines Luftfahrzeuges (Einsatz mit extrem belastender Wirkung) wirken enorme Kräfte (siehe hierzu Bild 2) und daher ist es sehr wahrscheinlich, dass das Verletzungsbild der Insassen wesentlich gravierender ist als beispielsweise bei Verkehrsunfällen. Zudem ist auch eine große Anzahl von Verletzten oder gar Toten möglich. Durch die Bilder, mit denen die Rettungskräfte vor Ort konfrontiert werden, kann es zu einer sehr hohen Anforderung an die psychische Leistungsfähigkeit kommen. Prinzipiell wirken diese Belastungen auf jede Person unterschiedlich.

4 MANV und PSNV

Nicht nur die direkt Betroffenen oder die eingesetzten Einsatzkräfte kann die Situation psychisch belasten. Daher sollte bedacht werden, dass der Absturz eines Luftfahrzeugs schnell mediale Aufmerksamkeit erregt und bedingt dadurch auch Angehörige die Unfallstelle aufsuchen und gegebenenfalls betreut werden müssen. Die Einsatzleiterin bzw. der Einsatzleiter sollte daher schon früh im Einsatzgeschehen auch die PSNV im Blick haben bzw. entsprechende Notfallseelsorgeteams zur Einsatzstelle nachfordern. Diese Teams begleiten den Einsatz (Sekundärprävention) und stehen den Einsatzkräften, Betroffenen, oder Angehörigen zur Seite. Auch werden ggf. durch diese die Bedürfnis- und Bedarfserhebung der Betroffenen ermittelt und in einem weiteren Schritt (Tertiäre Prävention) den Betroffenen psychosoziale Hilfen vermittelt. Es empfiehlt sich, einen Ort zur Nachsorge mit der nötigen Infrastruktur festzulegen.

5 Einsatzbeispiel

Um die bisherigen Hinweise und theoretischen Überlegungen in die Praxis zu überführen, wird im Folgenden ein Beispielszenario genannt. Lesen Sie sich das Lagebild zunächst in Ruhe durch. Anschließend sind noch Hilfsfragen angeben, die Sie die dabei unterstützen sollen, die Lage gut einzuschätzen und notwendige Schritte vorzuplanen.

5.1 Szenario

Folgendes Lagebild

Über die Leitstelle wird am 12. Mai um 13.30 Uhr mittags ein abgestürztes Kleinflugzeug auf einem Acker vor A-Hausen gemeldet. Zum Zeitpunkt der Meldung ist es trocken und 21°C warm.

In der Folge wird ein Löschzug bestehend aus ELW 1, HLF 20, TLF 4000 und DLK 23/12 (alle Fahrzeuge vollbesetzt) der Feuerwehr A-Hausen gemeinsam mit dem Rettungsdienst zur Einsatzstelle alarmiert.

Beim Eintreffen bietet sich folgendes Lagebild: Ein Kleinflugzeug mit dem Luftfahrzeugkennzeichen »D-M 1234« liegt seitlich (auf der »Beifahrerseite«) auf dem Acker. Die rechte Tragfläche ist abgebrochen und liegt in 50 Meter Entfernung.

Der Einsatzleiter (EL) überträgt dem Gruppenführer des HLF zunächst die Sicherung der Einsatzstelle und begibt sich anschließend auf Erkundung. Er nähert sich dem Flugzeug von vorne und schaut durch die Cockpitscheibe. Innen hängen der Pilot und ein weiterer Insasse in den Gurten des Sitzes, weitere Personen sind nicht erkennbar. Der Insasse auf dem Copilotensitz winkt dem Einsatzleiter aufgeregt zu. Der Pilot selbst ist bewusstlos und hat augenscheinlich eine Kopfplatzwunde.

Der Einsatzleiter beruhigt den Copiloten und befragt ihn zu Verletzungen. Er selbst sei kein Copilot, sondern habe den Rundflug als Passagier gebucht. Sie wären gerade auf dem Rückflug gewesen, als plötzlich der Motor ausgegangen sei. Anschließend habe man auf dem Acker notlanden müssen. Der Passagier ist so weit unverletzt, bekommt die Gurte aber nicht mehr selbstständig auf. Der Einsatzleiter fragt den Passagier, ob er weiß, ob ein Gesamtrettungssystem vorhanden ist. Dieser kann dazu keine genauen Angaben machen. Da das Flugzeug auf der Seite liegt, kann der Einsatzleiter jedoch gut erkennen, dass auf der Oberseite des Rumpfes

5 Einsatzbeispiel

Bild 42: *Lagebild*

ein »Fallschirm-Symbol« abgebildet ist. Weiter erkennt der EL, dass am Flugzeug Kraftstoff ausläuft.

Der Einsatzleiter gibt eine Lagemeldung an die Leitstelle ab und erkundigt sich, ob die Bundesstelle für Flugunfalluntersuchung benachrichtigt wurde. Falls dies nicht der Fall ist, so wird dies veranlasst. Anschließend beauftragt er seinen Führungsassistenten mit der Dokumentation des Lagebildes.

Fragen:
Welche Gefahr muss zuerst und an welcher Stelle (wo) bekämpft werden?
Welche Mittel bestehen zur Gefahrenabwehr und welches Mittel ist das Beste?

5.2 Lösungsbeispiel

Welche Gefahren sind erkannt?
Zwei Insassen im Luftfahrzeug, davon eine akut vital bedroht, eine weitere ansprechbar.

5.2 Lösungsbeispiel

Erkrankung: Der Pilot ist bewusstlos, hat eine Kopfplatzwunde und hängt im Gurt. Der Passagier ist scheinbar unverletzt, hängt jedoch seitlich im Gurt. Für beide besteht die Gefahr der Erkrankung. Beim Piloten ist diese akut. Beim Passagier könnte es ggf. zu einem Hängetrauma kommen. Aufgrund des Unfallhergangs und den einwirkenden Kräften auf den Körper muss man ebenfalls beim Passagier von einer schweren Verletzung ausgehen.
Ausbreitung: Durch den austretenden Kraftstoff besteht eine Gefahr für Menschen, Einsatzkräfte und Umwelt. Zudem sei die Brandgefahr am Rande erwähnt, weshalb immer mindestens ein zweifach-Brandschutz gestellt wird.
Explosion: Bei der Erkundung wurde das nicht ausgelöste Gesamtrettungssystem festgestellt. Eine unmittelbare Gefahr für die Insassen besteht nicht, sehr wohl aber für die Einsatzkräfte.

Möglicher Ablauf zur Abarbeitung des Einsatzbeispiels
Eigensicherung hat oberste Priorität. Um die Menschenrettung einleiten zu können, müssen folgende Gefahren zuerst bekämpft werden: Sicherstellung der Gefahr durch das Gesamtrettungssystem, indem man in Ausstoßrichtung absperrt und den Auslösebereich frei von Kräften und Einsatzmitteln hält. Zudem ist ein zweifach-Brandschutz zu stellen.

Nach Beendigung der Sicherungsmaßnahmen kann mit der Rettung der verletzten Personen begonnen werden. Hierzu ist ein Erstzugang zu schaffen. Sollte ein Gesamtrettungssystem vorhanden sein, so kann die Auslöseeinrichtung gekappt werden. Aufgrund des Verletzungsbildes des Piloten, ist dessen Rettung zu priorisieren. Er ist bewusstlos und sollte daher per »Sofortrettung« aus dem Flugzeug befreit werden. Die Wahl des Zugangs hängt hier stark vom Flugzeugmodell ab. Wenn Seitentüren vorhanden sind, könnte ein Zugang dort versucht werden. Da das Flugzeug auf der rechten Seite liegt, könnte die Rettung über eine Leiter oder – sofern vorhanden – eine Rettungsplattform erfolgen. Auch kann es möglich sein, die Drehleiter einzusetzen. Ein besserer Zugangsweg stellt aber womöglich ein Zugang über die Frontscheibe dar. Sofern das Flugzeug eine Cockpithaube besitzt, kann diese komplett für einen Zugang genutzt werden.

Der zweite Schwerpunkt sollte auf den Passagier gelegt werden. Dieser ist scheinbar unverletzt und ansprechbar, sollte aber auch schnell und schonend aus dem Flugzeug befreit werden. Wichtig ist immer die genaue Abstimmung mit dem Rettungsdienst, denn die Priorisierung kann je nach Situation immer unterschiedlich sein.

Als letztes sollten die Gefahren für die Umwelt durch Aufnahme der ausgelaufenen Betriebsstoffe beseitigt werden.

5 Einsatzbeispiel

Nachdem die Sicherungs- und Rettungsmaßnahmen abgeschlossen wurden, ist auf das Eintreffen der zuständigen Flugunfallermittler zu warten. Mit diesen sind weitere Maßnahmen abzustimmen.

Schlusswort

Wie zu Beginn schon erwähnt ist die Wahrscheinlichkeit eines Flugunfalles zwar gering, die Statistik zeigt jedoch, dass trotzdem deutschlandweit jährlich mehr als 150 Unfälle mit Luftfahrzeugen vorkommen. Aufgrund der hohen Flugreichweite kann dies theoretisch zu jeder Zeit und an jedem Ort in Deutschland geschehen.

Wir hoffen, mit diesem Buch einen Einblick in die verschiedenen Luftfahrzeuge mit ihren typischen Gefahren bei Flugunfällen gegeben zu haben. Jeder Führungskraft, die mit solch einem Szenario konfrontiert wird, soll eine Hilfestellung gegeben werden, worauf bei der Erkundung geachtet werden muss. Wichtig ist, dass die Erkundung sorgfältig durchgeführt wird, alle Gefahrenquellen identifiziert werden und anschließend die Lage eingehend beurteilt wird, um entsprechende Maßnahmen einzuleiten.

Prinzipiell sollte das Einsatzszenario des »Flugunfalls« in den Übungsplan mit aufgenommen werden und vor allem auch die Führungskräfte der örtlichen Feuerwehr auf die typischen Gefahren sensibilisiert werden.

Nicht nur eine Planübung bietet hierfür eine gute Gelegenheit, auch eine praktische Übungslage lässt sich mit recht überschaubarem Aufwand darstellen. Um beispielsweise die Gefahren von Gesamtrettungssystemen praktisch zu verdeutlichen kann ein schrottreifes Fahrzeug genommen werden (welches ansonsten für die jährliche TH-VU-Übung herhalten muss) und ein Stahlkabel als simuliertes Auslösekabel durch den Innenraum verlegt werden – am besten dann durch ein Loch im Dach führen und unter etwas Spannung dort befestigen. Anschließend werden die Gefahrenmarkierungen auf das Dach und das Luftfahrzeugkennzeichen (D-MXXX) auf die Seite gemalt. Schalter, die den Brandhahn oder den Hauptschalter darstellen könnten, sind im Fahrzeug vorhanden und müssten nur markiert werden. Die Tragflächen lassen sich mit Styropor oder Holz nachbauen – oder einfach Biertischgarnituren hinstellen und symbolhaft als Flügel verwenden. Nun können diverse Szenarien nachgebildet werden und die richtige Erkundung der Gefahren und Vorgehensweise geübt werden.

Tipp:
Wenn ein Flughafen, Fliegerhorst oder auch Segelflugplatz in der Nähe der eigenen Feuerwehr ist, sollte einmal Kontakt nach dorthin aufgenommen werden. Jede Besichtigung oder Übung vor Ort bereitet die örtliche Feuerwehr besser auf den »Fall der Fälle« vor.

Schlusswort

Besonderer Dank geht an:

Dietmar Nehmsch
Bundesstelle für Flugunfalluntersuchung (BFU)

Hptm. Gunnar Geiger
General Flugsicherheit der Bundeswehr

Peter Schmidt
Flugsportclub Wiesbaden »Maikäfer« e. V.

Sebastian Werner

Markus Lischka

Vielen Dank für die Unterstützung!

Literaturverzeichnis

Airbus S. A. S., Aircraft Rescue and Fire Fighting Chart für Airbus A320/A320neo, 2019, online abrufbar unter: https://www.airbus.com/sites/g/files/jlcbta136/files/2021-11/Airbus-Commercial-Aircraft-ARFC-A320.pdf, letzter Zugriff: 16.05.2022.

BRANDSchutz/Deutsche Feuerwehr-Zeitung, Das Feuerwehr-Lehrbuch, Kohlhammer-Verlag, Stuttgart, 7. Auflage 2021.

Bundesstelle für Flugunfalluntersuchung (BFU), Flugunfälle mit zivil zugelassenen Hubschraubern von 1973 bis 1992, online abrufbar unter: https://www.bfu-web.de/DE/Publikationen/Statistiken/Tabellen-Studien/Studien-Tabellen_node.html, letzter Zugriff 17.05.2022.

Bundesstelle für Flugunfalluntersuchung (BFU), Jahresstatistik 2021 zu Flugunfällen und schweren Störungen in Deutschland, online abrufbar unter: https://www.bfu-web.de/DE/Publikationen/Statistiken/Tabellen-Studien/Studien-Tabellen_node.html, letzter Zugriff 17.05.2022.

Bundesverband der deutschen Luftverkehrswirtschaft, Was wird eigentlich per Luftfracht transportiert?, In: Luftfahrt aktuell 4/2017.

Dellwig, R. Leitfaden Flugunfälle bei Klein- und Ultraleichtflugzeugen mit Gesamtrettungssystem, Landesfeuerwehrschule Schleswig-Holstein, 2017.

Deutsche Gesetzliche Unfallversicherung, Sichere Einsätze von Hubschraubern bei der Luftarbeit, DGUV-Information 214-911, 2017.

Deutscher Gleitschirm- und Drachenflugverband e. V. (DHV), Sicherheit beim Gleitschirmfliegen, online abrufbar unter: https://www.dhv.de/piloteninfos/sicherheit-und-technik/, letzter Zugriff 22.07.2022,

Eastman Corporation, Skydrol Aviation Hydraulic Fluids, 2020.

Eurofighter Jagdflugzeug GmbH, Eurofighter Technical Guide, 2013.

Feuerwehrunfallkasse für Hamburg, Mecklenburg-Vorpommern und Schleswig-Holstein, Leitfaden Psychosoziale Notfallversorgung für Einsatzkräfte, DGUV-Information 205-038, 2020.

Florida Department of Transportation, Aviation Emergency Response Guidebook, 2008.

Gadir, Y., Ballone und Luftschiffe – ein Überblick über Technik und Geschichte der Aerostatischen Luftfahrt, TU Berlin, 2001.

General Flugsicherheit der Bundeswehr, Hilfe bei Flugunfällen, 4. Auflage, 2017.

Götsch, E., Luftfahrzeugtechnik, Motorbuchverlag, Stuttgart, 2003.

Hessische Landesfeuerwehrschule (HLFS): Der Führungsvorgang (Flyer), o. A., online abrufbar unter: https://hlfs.hessen.de/sites/hlfs.hessen.de/files/2022_Flyer_F%C3%BChrungsvorgang_final_0.pdf, öletztert Zugriff: 29.08.2022.

Luftfahrtbundesamt, Statistik der Anzahl der in Deutschland zugelassenen Luftfahrzeuge, online abrufbar unter: https://www.lba.de/SharedDocs/Downloads/DE/SBl/SBl3/Statistiken/Technik/Verkehrszulassung.html, letzter Zugriff 17.05.2022.

Münch, M. Untersuchung des Zusammenhangs von Einsatzkräfteanzahl und Einsatzerfolg bei Flugzeugunfällen mittels kybernetischer Risikoanalyse, Darmstadt, 2015.

Schmid, S.: Einsätze an Luftfahrzeugen, Kohlhammer-Verlag, Stuttgart, 2005.

Scholz, D., Flugsteuerung, 2014, online abrufbar unter: https://www.fzt.haw-hamburg.de/pers/Scholz/materialFS/FS_Skript_6-Flugsteuerung.pdf, letzter Zugriff: 18.05.2022.

Schröder fire balloons, Flughandbuch, 2019.

Seltl, H., Flugunfälle mit leichten Flugzeugen, In: brandwacht 6/2018, S.213–214.

TotalEnergies SE, Sicherheitsdatenblatt nach Verordnung (EG) Nr. 1907/2006 zu AVGAS 100LL, SDB-Nr. 30142, 2018.

TotalEnergies SE, Sicherheitsdatenblatt nach Verordnung (EG) Nr. 1907/2006 zu Diesel, SDB-Nr. 56037, 2016.

TotalEnergies SE, Sicherheitsdatenblatt nach Verordnung (EG) Nr. 1907/2006 zu Jet-A1, SDB-Nr. 30141, 2018.

Literaturverzeichnis

TotalEnergies SE, Sicherheitsdatenblatt nach Verordnung (EG) Nr. 1907/2006 zu Ottokraftstoff, SDB-Nr. 56123, 2017.

United States Air Force Aircraft Accident Investigation Board, Aircraft Accident Investigation Report, F16 T/N 90-0760, Lake Havasu, Arizona, 2018.

Wilbert, F., Einsatztaktik für die Feuerwehr – Hinweise zu Unfällen mit Ultraleichtflugzeugen mit einem Gesamtrettungssystem, Landesfeuerwehrschule Baden-Württemberg, 2012.

Anhang

Kurzübersicht für Einsatzleiter

Luftfahrzeugkennzeichen

Staatsangehörigkeits-zeichen	Eintragungszeichen	Nationale Kennung
Beispiele:		
D = Deutschland OE = Österreich HB = Schweiz OO = Belgien OY = Dänemark PH = Niederlande OK = Tschechien SP = Polen G = Großbritannien F = Frankreich I = Italien CS = Portugal LX = Luxemburg K, N, W = USA	A = Luftfahrzeuge > 20 t B = Luftfahrzeuge 14 – 20 t C = Luftfahrzeuge 5,7 – 14 t E = einmotorige Luftfahrzeuge < 2 t F = einmotorige Luftfahrzeuge 2 – 5,7 t G = mehrmotorige Luftfahrzeuge < 2 t I = mehrmotorige Luftfahrzeuge 2 – 5,7 t H = Hubschrauber L = Luftschiffe K = Motorsegler M = Luftsportgeräte (ultraleicht), motorgetrieben **(Vorsicht: Gesamtrettungssystem vorgeschrieben!)** N = Luftsportgeräte, ohne Motor O = Ballone	
	Kennzahl (bspw. 1234) = Segelflugzeuge	

Allgemeine Gefahren

- Laufende Triebwerke/drehende Rotoren beachten!
- Auf Gesamtrettungssystem achten!
- Auf auslaufende Treibstoffe, Hydrauliköle achten!
- Auf ggf. vorhandene Sauerstoff- oder Treibgassysteme achten!
- Reifen-/Felgenbrand: Von vorne oder hinten annähern!
- Elektrizität: Auf Abstände achten!
- Bei Verbundwerkstoffen den Eigenschutz beachten (Atemschutz)!

zusätzliche Gefahren bei militärisch Fluggerätenen

- Bewaffnung vorhanden? Abstände (Gefahrenbereich 500 m/Absperrbereich 1.000 m)
- Scheinziele vorhanden?
- Schleudersitze/Haubennotabwurf vorhanden? ausgelöst?

Anhang

Checkliste:

Allgemein
- Für Flugunfallermittlung: Alle durchgeführten Maßnahmen dokumentieren.
- Übersicht über die initial alarmierten Kräfte verschaffen (Alarm- und Ausrückeordnung).
- Bedenken, dass sich Einsätze über mehrere Stunden ziehen können (Verpflegung, Beleuchtung, Kräfteaustausch etc.).
- Spezialkräfte (THW, Flughafenfeuerwehr, PSNV usw.) berücksichtigen und rechtzeitig anfordern.

Anfahrt
- Sind Informationen zum Luftfahrzeug/Schadensstelle vorhanden?
- Welche Größe hat das Luftfahrzeug? Ist die Anzahl der Insassen bekannt?
- Ggf. bereits jetzt weitere Kräfte nachfordern.
- Für nachrückende Kräfte: Anfahrt festlegen und Halteplatz/Bereitstellungsraum definieren.

Eintreffen/Erkundung
- **A**ußenansicht:
    - Ursache/Hergang?
    - Flugzeugtyp zivil/militärisch? (Luftfahrzeugkennzeichen beachten)
- **B**efragen: Besatzung befragen
    - Gesamtrettungssystem vorhanden?
    - Bei Militärluftfahrzeug: Bewaffnung vorhanden?
- **I**nnenansicht:
    - Anzahl Betroffener?
    - Verletzungsgrad?
    - Wo liegt der Schwerpunkt?
    - Auslöseeinrichtungen für Rettungssysteme erkennbar?
    - Ist eine Ver- oder Entriegelung der Türen erkennbar?
- **360°**: Lagebild gesamt
    - Müssen (Spezial-)kräfte nachgefordert werden?
    - Müssen andere Behörden nachgefordert werden bzw. sind diese bereits verständigt?

Checkliste:

   Beispiel: Bundesstelle für Flugunfalluntersuchung (BFU)
   – Gefahren- und Absperrbereich festlegen, ggf. Einsatzabschnitte bilden.
   – Welche weiteren Gefahren sind erkennbar?
   Beispiel: Laufende Triebwerke/Rotoren, Brand, auslaufende Betriebsstoffe etc.
   – Sind umliegende Infrastrukturen (bspw. Gebäude, Stromleitungen etc.) beschädigt/gefährdet?

Sicherungsmaßnahmen
- Bei Gesamtrettungssystem: Sichern in Ausstoßrichtung und Zugangswege festlegen, ggf. Auslöseeinrichtung trennen.
- Ggf. Sicherung gegen Wegrollen/Wegrutschen/Windböen.
- Brandschutz sicherstellen (zweifach).
- Luftfahrzeug in einen sicheren Betriebszustand bringen (Brandhahn/Not-Aus).

Rettung
- Zunächst Versorgungsöffnung schaffen.
- Rettungsöffnung schaffen.

Kurzübersicht Alarmierung anderer Dienststellen (Stand August 2022)

Bundesstelle für Flugunfalluntersuchung (BFU) Telefon: 0531/35 48 0 Fax: 0531/35 48 246	SAR – Rettungsleitstelle der Bundeswehr -Münster Telefon: 0251/13 57 57
SAR – Rettungsleitstelle der Bundeswehr -Glücksburg (im Bereich Schleswig-Holstein, Hamburg, Küste Niedersachsen, Mecklenburg-Vorpommern) Telefon: 04631/666 3251	Feldjägernotruf Telefon: 0800/190 99 99

Anhang

Sicherheitsdaten Kraftstoffe

Übliche Flugkraftstoffsorten sind Jet A-1 (Kerosin) für Turbinentriebwerke und AVGAS 100 LL (Flugbenzin) für Kolbentriebwerke.

Kraftstoff	Jet A-1 (Kerosin)	AVGAS 100 LL (Flugbenzin)
Flammpunkt	> 38°C	< –40°C
Gefahrenklasse	entzündbar	extrem entzündbar
UN Nummer	UN 1863	UN 1203
Zündtemperatur	ca. 230°C	ca. 300°C
Explosionsgrenze	ca. 1,2 bis 8,8 Vol.-%	ca. 1,4 bis 8,7 Vol.-%
Heizwert	42.500 kJ	k. A.
Gefrierpunkt	ca. –47° C (je nach Sorte)	ca. –58° C (je nach Sorte)
Gefahrenhinweise	• H226 – Flüssigkeit und Dampf entzündbar • H304 – Kann bei Verschlucken und Eindringen in die Atemwege tödlich sein. • H315 – Verursacht Hautreizungen. • H336 – Kann Schläfrigkeit und Benommenheit verursachen. • H411 – Giftig für Wasserorganismen, mit langfristiger Wirkung	• H224 – Flüssigkeit und Dampf extrem entzündbar • H332 – Gesundheitsschädlich bei Einatmen • H312 – Gesundheitsschädlich bei Hautkontakt • H302 – Gesundheitsschädlich bei Verschlucken • H336 – Kann Schläfrigkeit und Benommenheit verursachen • H373 – Kann die Organe schädigen bei längerer oder wiederholter Exposition • H304 – Kann bei Verschlucken und Eindringen in die Atemwege tödlich sein. • H304 – Kann bei Verschlucken und Eindringen in die Atemwege tödlich sein. • H315 – Verursacht Hautreizungen • H361d – Kann vermutlich das Kind im Mutterleib schädigen • H411 – Giftig für Wasserorganismen, mit langfristiger Wirkung
Gefahren		

Sicherheitsdaten Kraftstoffe

Die Dampf-Luft-Gemische sind gesundheitsschädlich und können unter bestimmten Temperatur- und Luftzirkulationsbedingungen brand- oder explosionsgefährlich sein. Daher ist beim Austritt von Kraftstoff nach einem Unfall mit einer Gefährdung zu rechnen. Wichtige Informationen lassen sich aus den entsprechenden Sicherheitsdatenblättern entnehmen (diese sind nach Möglichkeit wie bei jedem Einsatz zur Informationsgewinnung zu besorgen).

Einsatzhinweise Jet A-1	
Löschmittel	Schaum, Trockenlöschmittel, ABC-Pulver, Wassersprühstrahl (nach Möglichkeit mit Netzmittel), Kohlenstoffdioxid
Gefahren	• Flüssigkeit oder Dämpfe sind entzündbar • Explosionsfähige Gemische können sich bilden • Im Brandfall entstehen, Stickoxide (NOx), Schwefeloxide, Kohlenstoffmonoxid, Kohlenstoffdioxid und Ruß
Schutzausrüstung	• Umluftunabhängiges Atemschutzgerät • Chemikalienschutzanzug (je nach Lage)
Allgemein	• Löschwasserrückhaltung • Eindringen in Erdreich, Gewässer oder Kanalisation verhindern • Bei Auslaufen von größeren Mengen: Gefahr für Trinkwasser • Gering wasserlöslich
Erste Hilfe	• Beim Verschlucken mit anschließendem Erbrechen kann Aspiration in die Lunge erfolgen, was zur chemischen Pneumonie oder zur Erstickung führen kann. • Sofort GIFTINFORMATIONSZENTRUM und Arzt alarmieren • **Bei Kontakt mit der Haut:** Mit viel Wasser und Seife waschen

Anhang

Einsatzhinweise AVGAS 100 LL	
Löschmittel	Schaum, Trockenlöschmittel, ABC-Pulver, Wassersprühstrahl (nach Möglichkeit mit Netzmittel), Kohlenstoffdioxid, Sand oder Erde
Gefahren	- Flüssigkeit oder Dämpfe sind entzündbar - Explosionsfähige Gemische können sich bilden - Im Brandfall entstehen, Schwefeloxide, Kohlenstoffmonoxid, Kohlenstoffdioxid, Aldehyde und Ruß
Schutzausrüstung	- Umluftunabhängiges Atemschutzgerät - Chemikalienschutzanzug (je nach Lage)
Allgemein	- Löschwasserrückhaltung - Eindringen in Erdreich, Gewässer oder Kanalisation verhindern - Bei Auslaufen von größeren Mengen: Gefahr für Trinkwasser - Unlöslich bis gering wasserlöslich
Erste Hilfe	- Kann beim Verschlucken auf Grund seiner niedrigen Viskosität in die Lunge gelangen und dort zur schnellen Entstehung von schweren Lungenödemen führen. (Der Patient muss daher mindestens 48 h medizinisch überwacht werden). - Sofort GIFTINFORMATIONSZENTRUM und Arzt alarmieren - **Bei Kontakt mit der Haut:** Mit viel Wasser und Seife waschen

Norbert Heinkel

Lagefeststellung und Erkundung nach Verkehrsunfällen

2., erw. und aktual. Auflage 2022
99 Seiten. 61 Abb., 1 Tab. Kart. € 24,–
ISBN 978-3-17-042684-9
Hilfeleistung

Im Mittelpunkt der Grundausbildung steht meistens die Brandbekämpfung, sodass Tätigkeiten bei Verkehrsunfällen und die technische Hilfeleistung leider nur wenig Beachtung finden. Um diesem Umstand entgegenzuwirken, widmet sich der Autor in seinem Buch der Technischen Hilfeleistung bei Verkehrsunfällen und geht hierbei insbesondere auf den ersten Aspekt des Führungsvorgangs nach FwDV 100, der Lagefeststellung, ein. Als Grundlage für einen erfolgreichen Einsatz werden Hinweise zur fahrzeugspezifischen Vorgehensweise sowie die wichtigsten Merkregeln vorgestellt.

Orientiert an den »Vier Phasen der Erkundung« vermittelt der Autor hilfreiche Tipps. Ideen, wie der Aspekt der Lagefeststellung bei Verkehrsunfällen besser in die Ausbildung integriert werden könnte, runden den Titel ab. In der 2. Auflage wird das Thema Informationsgewinnung durch Rettungskarten vertieft sowie ergänzend die Einsatzstellenhygiene bei Verkehrsunfällen betrachtet.

Norbert Heinkel ist Kreisbrandmeister und beim Odenwaldkreis in der Abteilung Brand-, Katastrophenschutz und Rettungsdienst im Bereich Gefahrenabwehrplanung tätig.

Digital-Ausgabe erhältlich in der BRANDSchutz-App und als E-Book.
Leseproben und weitere Informationen:
www.kohlhammer-feuerwehr.de

Bücher für Wissenschaft und Praxis

Feuerwehr-Online-Bibliothek

Die Feuerwehr-Online-Bibliothek ermöglicht den Nutzern Zugriff auf zahlreiche Feuerwehr-Fachbücher und auf die Fachzeitschrift „BRANDSchutz/Deutsche Feuerwehr-Zeitung". Mit Buchung der Feuerwehr-Online-Bibliothek erhalten Sie 12 Monate Zugriff auf alle Inhalte der BRANDSchutz-App.

Die Inhalte werden fortlaufend um Neuerscheinungen aktualisiert. Mithilfe der Suchfunktion kann über alle Werke hinweg recherchiert werden. Die Feuerwehr-Online-Bibliothek steht als browserbasierte Anwendung für Laptop, PC und Tablet sowie als Smartphone-App für die Betriebssysteme iOS und Android zur Verfügung.

Einzellizenz: € 299,– | Mindestlaufzeit: 12 Monate | Artikel-Nr.: 42950

Fünfplatzlizenz: € 1.199,– | Mindestlaufzeit: 12 Monate | Artikel-Nr.: 42951

Probelizenz: € 29,99 inkl. BRANDSchutz-Tasse als Prämie | Ohne Risiko | Probelizenz endet nach 4 Wochen automatisch | Artikel-Nr.: 42952

Der Vertrag bei Online-Abonnements ist zeitlich unbefristet und kann beiderseits mit einer Frist von 4 Wochen zum Ende eines Kalendermonats gekündigt werden, erstmals jedoch zum Ende des ersten Vertragsjahrs (12 Monate Mindestlaufzeit). Nach Ablauf der Mindestlaufzeit ist bei Verträgen mit Verbrauchern im Sinne von § 13 BGB die Kündigung zum Ende eines jeden Kalendermonats möglich, bei Verträgen mit anderen Kunden zum Ende eines jeweiligen Vertragsjahres.

Jetzt bestellen unter:
www.kohlhammer-feuerwehr.de/bibliothek